情熱・熱意・執念の経営

すぐやる！ 必ずやる！ 出来るまでやる！

永守重信

PHP研究所

まえがき

全く何もないところから「世界一になる！」こんな無謀とも言える目標を掲げ、私が仲間三人と日本電産を設立したのは一九七三年七月のことでした。

設立当初は、「大風呂敷を広げる変人経営者」との陰口があちこちから聞こえてきました。また、「早飯試験」で学生を採用したときは、とんでもない会社だとマスコミから非難を受けたこともありました。

設立から三十二年が経ち、日本電産グループは百十社、社員九万名、連結売上高四千八百億円、営業利益四百八十五億円の企業グループにまで成長しました（二〇〇五年三月期予想）。

また、一九八八年に大阪証券取引所二部に上場、一九九八年に東京証券取引所一部に上場、二〇〇一年にはニューヨーク証券取引所に上場するまでの企業に育ってきました。

しかし、これで満足しているわけではありません。五年後の二〇一〇年にはグループ社員十万名、連結売上高一兆円、営業利益一千億円の達成を目指しています。さらに、二十年後の二〇三〇年には売上高十兆円のグループにしたいというのが私の夢です。

また永守のホラが始まったと言われようとも、「夢を形にするのが経営だ」という強い信念のもと、自分を鼓舞して全力投球です。

そんな私のもとへ、いろいろな方面から講演のお誘いがあります。永守流の経営哲学を語ってくれ、人を育てるコツを聞きたい、会社が成長を続けるにはどうしたらよいのか……。私も話をするのは決して嫌いなほうではありませんので、講演をお引き受けしたい気持ちは強いのですが、物理的に不可能に近いのです。

なぜなら、私は京都の本社にいるときは、朝七時前には必ず出勤し、夜十時を回ってから帰宅します。また、土曜、日曜は経営会議や社員研修会の講師、海外出張の移動日などにあてています。

また、二〇〇三年に長野県諏訪郡下諏訪町に本社がある三協精機製作所を傘下に収めましたが、経営が軌道に乗るまで、毎週二泊三日のスケジュールで長野に出張していました。それ以外にも、日本電産グループの拠点や工場は日本全国はもちろんのこと、アジアをはじめ海外にもたくさんあるので、出張に次ぐ出張という生活も珍しくありません。

ですから、私は元旦の午前中を除いて、一年三百六十五日、睡眠と食事、入浴時間以外は休みなく働いていますが、それでもまだ時間が足りないと思っているくらいです。そのため、講演の依頼については、大変申し訳なく思いつつ、お断りしているのが現状です。

そんな矢先、今まで私が折にふれてそこここで語ってきたことをまとめて本にすれば、講演を聞けない人たちへ何らかの恩返しができるのではないかという提案をＰＨＰ研究所からいただきました。

もとより私は日本電産の経営しか知らず、私の体験がどれだけ読者の皆様のお役に立つのか、わかりません。むしろ、本書の内容について読者の皆様から忌憚（きたん）のないご意見をお聞かせいただければ、私の勉強になると思っているくらいです。

私の願いは、一人でも多くの日本人が、夢を掲げ、その夢を実現してほしいということです。
本書を読んで、夢は必ず実現するものだという勇気と希望を持っていただければ、著者として望外の喜びでございます。

二〇〇五年二月

永守重信

情熱・熱意・執念の経営　目次

Contents

装幀――神長文夫＋坂入由美子

歴　史

history

大恩人

小学校時代、いくらテストで満点をとっても「通知表」には決していい成績をつけてくれなかった担任の先生、小中学校時代にほしいものを友達のように買い与えてくれなかった家庭の状況、顔を合わせるといつも火花を散らして議論した職業訓練大学校（現・職業能力開発総合大学校）時代の恩師・見城尚志工学博士。

こうした出来事や人々は、私の心の中に今も深く刻まれています。

なぜなら、社会に出るまでに強い闘争心や自立心、そして良い意味での反骨精神を身につけることが出来たからです。今では人生最大の大恩人であり、感謝しても感謝しすぎることはないと思っています。

高校時代に塾の経営

私は中学二年のときに父親を亡くしました。家も裕福ではなかったので、中学卒業後は高校進学を断念して、家計を助けるために就職するつもりでいました。しかし、中学をずっと首席で通したので、高校へ進学するよう中学の先生が熱心に母親や兄を説得してくれたのです。

高校へ通うようになっても小遣いはほとんどもらえず、家の手伝いが中心の高校生活となりました。「これはたまらない」と始めたのが塾の経営です。チラシをつくり近所の小中学生を集めました。ピーク時には大卒の初任給の二倍以上の収入がありました。経営者としての芽生えがそうした中で徐々に生まれてきました。

株式投資から学んだこと

私は、高校時代に近所の小中学生を集めて塾を開き、これでかなりのお金を貯め、大学に通い始めると株式に投資するようになりました。

株式投資から学んだことはいろいろあります。一つは、社会に出る前からバランスシートが読めるようになっていたことです。知らず知らずのうちに計数感覚が磨かれていたことが、後々どれほど役に立ったかは、説明するまでもないでしょう。

もう一つは、独立資金を稼ごうと信用取引に手を出して大損し、「自分の資産を超える売買をしてはならない」ことを学びました。日本電産の現金・現物主義の経営方針はこのときの経験から生まれたものです。

目標は三十五歳で独立

私は職業訓練大学校の四年間、電気技術の習得に没頭する一方で、「三十五歳で、必ず独立して会社を興す」という人生に対する明確な目標を掲げました。

なぜ三十五歳かと言いますと、大学を出たあとの十二、三年を独立するための修業の期間にあてよう、それも一社ではなく、三つか四つの会社を三、四年ずつ経験しようと考えたからです。

それは、経営を学ぶことは当然のこととして、技術の習得・人の育成・教育、リーダーシップの修養など独立準備に必要な時間でもありました。

上司の仕事のやり方に不満

職業訓練大学校を卒業した私は、恩師・見城尚志先生の紹介で、当時は高級テープデッキを製造していた「ティアック」へ入社しました。

しかし、私が上司の指示や命令を聞いていたのは最初のうちだけで、すぐに上司の仕事のやり方に不満を持ちました。特に、会社のことを考えて、いろいろな提案をしたのですが、ことごとく却下されたことには我慢ができませんでした。いつしかそうした前向きな不満を爆発させるようになり、仕事の内容によっては、直接上司を飛ばして部長、役員、常務へと意見を持っていくようになったのです。組織人としての常識を問われますと少々疑問も残りますが、会社の将来を思ってのことでした。

リスクを取るか回避するか

サラリーマン時代、私はいずれ超精密小型モータの時代がやってくると上司に訴え続けました。しかし、上司は「そんなものを開発しても仕方がない。それよりも、いま大量に注文がある換気扇やテープレコーダ用のモータをつくるのが一番いいんだ」と耳を貸そうとはしませんでした。一流の技術を持った上司ほどこういう意見だったのです。

会社もまた、目先の需要を優先し、リスクをできるだけ回避しようとしていました。私はそうした上司や会社の姿勢に我慢ができず、早々と既成の組織から飛び出したわけです。

「三大精神」の誕生

一九七三年七月、四名の若者が集まり、私の自宅にあった牛小屋を改装、そこを本社にして、「非同族、非下請け、グローバル」という三つのスローガンを掲げて日本電産は夢の大海原に向かって船出しました。

オイルショック後の筆舌に尽くし難い厳しい経済環境のもと、幾度となく難破寸前の状況に追い込まれましたが、その苦い貴重な経験から、「情熱・熱意・執念」「知的ハードワーキング」「すぐやる、必ずやる、出来るまでやる」という、現在の日本電産の経営の原点である「三大精神」がつくり上げられたのです。

サラリーマンの悲哀

一九七三年、六年間のサラリーマン生活に終止符を打ち、なけなしのお金を工面して、二十八歳で資本金二千万円の日本電産を立ち上げました。ところが、いざ旗揚げしてみると、一緒に参加すると言っていた仲間たちが誰一人としてついて来ないのです。さまざまな理由をつけて、「そのうち行かせてもらいます」といった返事しかないのです。

私は、これがサラリーマンの悲哀だということを身をもって知らされました。給料や将来の保障がないかぎり、そう簡単には決断できなかったのでしょう。

他人のやらないことをやる

わずか四名で日本電産を旗揚げし、考えたことがあります。既成組織の見直しでした。すなわち、私たちは「他人のやらないことをやろう」をモットーにしました。そして、サラリーマン時代を振り返って、他人のやらないことをやるうえで、何が弊害になっていたのか、意欲をそぐ要因になっていたものは何かを洗い出したのです。その結果、

①同族経営はやめよう
②大企業の下請けはやめよう
③世界に通用する技術を持とう

という三つの理想と姿勢を見出したのです。

同族会社にはしない

私がサラリーマン時代にお世話になった会社には、同族企業の長所と短所がかなり鮮明に現れていました。

また、世間の同族会社の中には、人材の育成に力を注がず、家族や親族を役員や幹部に登用するために、実力のある社員がそっぽを向くという会社も多いことに気づきました。

これでは、同族会社としての長所がいくつかあったとしても、結果的には社員のやる気をそぎ、有能な社員ほど辞めてしまうことになるのではないかとの思いで、私は日本電産を創業するときに、「同族会社にはしない」と固く決心したのです。

下請けにはならない

日本電産は、「他人のやらないことをやる」をモットーに旗揚げしました。このモットーに忠実に経営を進めていこうと思えば、大企業の下請けに甘んじることはできません。

たとえ、会社の安定がはかれたとしても、与えられた図面通りのモノづくりをして、言われるままの価格で納入したのでは全く面白味はありません。どんなに苦しくても、自らの技術を持ち、自らの力で製品を開発し、自力でマーケットも開拓していくことこそが、私たちの理想だと考えてスタートしたのです。

ゼロからのスタート

日本電産はわずか四名の、自信過剰で無鉄砲の塊だった若者が創業しました。周りには誰一人として賛成してくれる人はなく、当然のように力を貸してくれる人もいませんでした。信用も資金もなく、工場も、仕事の当てもない状態の中での独立でした。文字どおりゼロからのスタートでした。

ただ、私たち四人は、「世界一」を自負する精密小型モータに関する技術と知識、そして自分たちの力だけで未知の航海に旅立とうとする旺盛な冒険心と自立心、何にも増して若さゆえの情熱と理想を持っていました。

昼めしは十時のおやつ

日本電産の創業当初のメンバーは、文字どおり寝食を忘れて働きましたが、こんなエピソードもあります。

当時の私たちは、〝晩めし〟どきになると、「さあ、〝昼めし〟に行こうか」と声をかけ合って、食事に出かけたものです。後から入社してきた連中は、不思議そうな顔をして「これは〝晩めし〟ではないのですか」と聞いてきます。私たちも負けずに精一杯おどろいた表情で、「〝昼めし〟だ」と言い張るのです。「だったらお昼に食べたのは何ですか」という質問に「あれは十時の〝おやつ〟だ」といった会話を交わしていました。

工場を見せると取引中止

日本電産を設立した翌月、京都の桂川のほとりに三十坪ほどの工場を借りて、旋盤と研磨機を一台ずつ入れて事業をスタートしました。しかし、この二階に住む家主の洗濯物がはためく工場に、苦労して注文をとった商談先の担当者を案内すると、取引中止が申し渡されるのです。

自前の工場が持ちたいと、銀行に日参して融資を頼みましたが、実績のない零細企業を相手にしてくれる銀行はありません。そうした創業の辛苦を存分に味わいましたが、二年足らずで京都府亀岡市に念願の工場を完成させることができました。

最初の大量受注

一九七三年に高い理想を掲げ日本電産を創業したものの、実績や社歴などを重視する日本企業の壁は厚く、注文はほとんど取れませんでした。

日本がダメならアメリカがあると、半年後に私は単身ニューヨークへ渡り、空港から何社かの企業に電話を入れ、面談を申し込みました。その中で、わが社のモータに関心を示してくれたのがスリーエム（３Ｍ）社で、持参したサンプルのモータを三割小型化できれば、契約してもよいということでした。半年後、注文通りの試作品を持参すると絶賛され、これが最初の大量受注となりました。

苦労こそ財産

創業時の日本電産が受注できた仕事は、苛酷な注文がつくために同業他社がどこも手を出さない、コンピュータ用の試作モータばかりでした。寝食を忘れて、こうした製品開発に取り組んだ結果、少しずつ世間から認められるようになりました。

以来、私は「苦労こそ財産」だと考えるようになりました。理由は、苦労には有形、無形の利子がついてくるからで、完成した製品や身につけた技術力が有形の利子です。それよりも大きな利子は、情熱、熱意、執念さえあれば不可能を可能にできるという無形の自信をつけたことでした。

海外の評価が第一の日本

創業当初の日本電産は、国内の企業にはまったく相手にされず、仕方なくアメリカに活路を求めました。やがて、スリーエム、トリン、ＩＢＭ、ゼロックス社など、アメリカの大手企業との取引が始まると、今度は日本の一流メーカーから「おたくがＩＢＭに納めているモータと同じものがほしい」という注文が殺到し始めたのです。

私は思わず、海外で評価されなければ動かない日本の一流メーカーと、サラリーマン時代にいくら新しいモータの開発を提案しても受け入れてもらえなかった上司の姿を重ね合わせてしまいました。

ライバル不在の技術分野

日本電産の社名が国内外の大手コンピュータメーカーに知られるようになったのは、世界に先駆けてハードディスクドライブ（ＨＤＤ）用のスピンドル（精密回転軸）モータの実用化に成功したことからでした。

アメリカでセールスをしているときに、ＨＤＤとの出合いがあり、私は「これだ」と直感しましたが、決して先見の明があったわけではありません。

他のモータを売り込みに行ってもどこにも同業他社がいて、ライバルがいなかったのがこの分野だけで、半ば苦し紛れに飛び込んだ世界だったのです。

時代と運を味方につける

創業期に、家電製品などで大量に使われている中型モータの分野へ参入しようと思っても、競争が激しくて相手にしてくれるメーカーはありませんでした。

やむなく、納期が短くて、手間ばかりかかるために、他社が手を出さなかったコンピュータ用の精密小型モータの世界に飛び込んだのです。さらに、オイルショック後の省エネ化の動きとも重なり、すぐに注文が殺到するようになりました。

技術面での筆舌に尽くし難い苦労もありましたが、強運にも恵まれたというのが正直な印象です。

出来る、出来る、出来る

日本電産を創業してしばらくは、技術的には非常に難しく他社がやらない試作品づくりのような仕事が大半でした。しかし、仕事は仕事、注文が来るたびに全員が喜びました。しかし、技術者を集めて、「出来そうか」と問いかけるものの、当然「出来ます」という返事は返ってきませんでした。

そこで私は技術者を並ばせて、「これから一緒に、出来る、出来る、出来る、と百回言おう」と言い渡し、彼らが「出来そうな気持ちになってきました」と言うまで、二百回、三百回、五百回と繰り返したのです。こうしてわが社は新商品を次々に世の中に送り出していきました。

ウソのような本当の話です。

創業時最大の壁は「カネ」

会社を興す場合に、一般的に問題となるのが「ヒト・モノ・カネ」の三要素でしょう。私の経験から言えば、同志を集めての創業で、少しずつ社員も増やすことができました。

また、本社は私の自宅であり、工場も借りることができたので、「ヒト・モノ」については、満足ではなかったものの、それほど大きな問題ではありませんでした。

しかし、「カネ」では何度も壁にぶつかりました。この点を見誤ると、よほどの幸運に恵まれない限り、早々に撤退する事態になってしまうと思います。

お金を借りるための説得材料

会社経営が軌道に乗るまでは、当然のようにつなぎの資金が必要になります。当たり前の話ですが、こうした融資を受けるのは、「できるかぎり借りにくいところから」というのが鉄則です。

しかし、借りにくいところからカネを借りようと思えば、説得する材料が欠かせません。逆に言えば、それだけの説得力を持たない経営者、そして事業は失敗する確率も高いということです。

相手が金融機関であっても、決めるのは人間です。その人を納得させるだけの説明ができるかどうかが成否を決定します。

鉄則は「あきらめない」

銀行とのおつきあいの鉄則は、「あきらめない」ということに尽きると思います。創業当初、どうしてもまとまった資金が必要だったので、何度も銀行に足を運びましたが、そのたびに門前払いの苦汁を味わいました。

しかし、「A」という銀行が貸してくれなければ、他の銀行や信用金庫を訪ねても、基本的には同じ答えが返ってきます。あちらこちらの金融機関を訪ねるよりも、ターゲットを一本に絞って、粘り強く交渉を重ねていくのがベターな方法です。むしろ喧嘩は大いにすべきで、それでも粘るという姿勢を貫けば道は拓(ひら)けてくることを経験しました。

走りながら考えた日々

設立五年目ぐらいになると、日本電産もようやく会社として軌道に乗り始めました。しかし、人材、設備、資金不足は相変わらず深刻で、少しまとまった注文が入ると、機械も人もすぐに足りなくなる状況でした。

注文が来るたびにどのような設備、機械、そして人が必要なのかの検討を始めることも日常茶飯事でした。旋盤に三名、組立に五名足りないので、大急ぎで採用しようといった具合でした。

今から思えば、そうした無茶なことができたのも、勢いがあればこそと、懐かしく思い出すことがあります。

必要な「踊り場期間」

階段を一気に駆け上がろうとするときに、もし「踊り場」がなければ、足を踏み外した途端に下まで転落してしまいます。これと同じ理屈で、ベンチャー企業には、成長過程で、この踊り場に相当する期間を設定する必要があります。

わが社もこれまでに何度か「踊り場期間」を設け、この間は大きなチャレンジをしないと決めていました。

ガムシャラに前へ進むことだけが成長ではありません。ときには休むことも大切で、休みがあるから元気が出て、また階段を一気に駆け上がることができるのです。

組織の路線変更

私は、日本全体がバブル景気に浮かれていた時期をあえて選んで、それまでの組織先行拡大路線から、人の成長に合わせた組織づくりへ路線変更に踏み切りました。ちなみに組織先行拡大路線というのは、成長を最優先させるために、まず組織をつくり、そこに人を割り振るというやり方です。

当時の売上高の推移を見ると、一九九〇年度から数年間、ほぼ横ばい状態を続けています。この路線変更の「踊り場期間」が功を奏し、国内の景気が低迷し、不況が深刻化していく中で、わが社は元の成長をはるかに上回る勢いがつき始めたのです。

禁煙制度の導入

わが社は、一九八〇年にいち早く「禁煙制度」を導入しました。最大の理由は、〇・五ミクロン程度といわれるタバコの煙の粒子であっても、超精密小型モータの品質に多大な影響を与え、致命的なトラブルに発展する恐れがあるからです。ほかにも、火災の防止、社員の健康を守るといったメリットもあります。この制度を徹底させるために、「禁煙手当」を支給することにしました。現在では七〇%以上の社員が禁煙者となっています。

制度発足当時は画期的だったこともあり、マスコミなどの大きな注目を集めました。現在の「禁煙社会」への先駆者でもあるのです。

社員へのラブレター

創業から十年以上、正確には社員数が六百名になるまで、私は夏と冬の年二回、欠かさずやってきたことがありました。それは、賞与袋に同封する社員個人にあてた自筆の手紙でした。

その内容は、日頃叱ってばかりいるせめてもの罪滅ぼしにと、ねぎらいや仕事の成果に対する細かな評価を中心に、さらなる奮起を促す言葉や叱咤激励などを綴りました。

今では社内の伝説になりつつある、社員へのラブレターですが、宝物として大切に保管しているという社員の話も耳にします。

社員の家族に感謝

「朝早く、家を出れば、仕事とはいえいつ帰ってくるかわからないご子息を、夜遅くまで待っていただいたお母さん方、あるいは、子供が父親の顔を忘れるほど家庭にご主人がいる時間が短く、近所から〝あの家は母子家庭か〟と噂が立つほどの中にあって、内助の功を発揮されている奥様方、そういう方々の協力があったからこそ今日の日本電産の姿があることを、深く感謝申し上げます」

一九八三年七月、全社員とその家族を含めて約五百名が集まった創立十周年の式典の式辞で、私は、社員の家族へこのような感謝の言葉を贈りました。

円高を追い風に

一九八〇年代前半には一ドル二三〇～二七〇円台を推移していた為替相場が、八五年から一挙に一二〇円台まで大暴騰しました。

ドルの価値がどんどん下がる中で、わが社はドル建ての製品価格も積極的に引き下げていきました。それを可能にしたのが、「大量に安くつくる技術」と「新製品を連続的に開発できる技術」を、われわれが持っていたことです。

つまり、圧倒的なコスト競争力を武器に、猛烈な営業攻勢でシェアを拡大し、逆風となる円高を追い風に変えて、この時期に驚異的な成長を遂げたのです。

円高を克服できた理由

一九八五年のプラザ合意による急激な円高に対応するために、わが社では「チャレンジ三〇作戦」と名づけた緊急施策を打ち出しました。

月当たりの生産性を三〇%アップするのがこの作戦の目標でしたが、まず週休二日制を返上し、土曜、日曜もフル稼働にして固定費の負担を大幅にダウンさせました。

さらに部品から消耗品まで、購入単価が下がらなければ経理部は金を出さないというところまで徹底させて、コストの三〇%削減を実行し、わずか三カ月で生産性を三〇%アップすることに成功したのです。

ストックオプションを導入

一九九六年六月、わが社はワラント債（新株引受権付社債）を活用したインセンティブ型ワラント債（擬似ストックオプション）三億円の発行を決議しました。

国内ではソニーなど約十社が同種のワラント債を発行していましたが、対象を管理者にまで拡大したのは初めてで、マスコミでも話題になりました。

これは会社の業績が伸びて株価が上がれば、その分だけワラントを保有する社員の資産、収入が増える仕組みになっており、役員、幹部の士気を高め、経営感性を高める効果を果たしました。

毎日がリストラの連続

一九九〇年代の後半、厳しい経済環境のもとで多くの日本企業はリストラと称して大規模な人員整理を実施しました。幸い、わが社はこうした経験をすることなく現在に至っています。

企業成長の原動力となる社員を大切にする姿勢は一貫して変わることはありません。しかし、どこかで緊張感の糸が切れると、その先のことはわかりません。また、既存の製品やマーケットだけに頼っていると、予想以上に業績が落ち込む状況もあるので、私は「毎日がリストラの連続だ」と社員に口を酸(す)っぱくして言っています。

「スリー新戦略」

二十一世紀に入って、世界的なIT不況とデフレの進行が日本の経済とコンピュータ業界に深刻な影響を与えました。

わが社も例外ではありませんでしたが、このような状況下においても、モノマネではない新製品の開発、過去とは違う新マーケットへの参入、新しいお客様の創出を目指す、「スリー新戦略」という攻めの経営に徹していこうとしています。

例えば、車載用のモータは八年の歳月と二百億円の費用をかけて二〇〇一年から量産に入った新しいマーケット向けの新製品です。

開かれた株主総会

集中開催やシャンシャン総会など、何かと批判の多い株主総会ですが、わが社では「開かれた株主総会」こそ株主への最低限のマナーと考え、他社に先駆けてさまざまな工夫を凝らすようにしてきました。

早くから、資料の棒読み総会や集中日の開催をやめ、総会決議後に経営方針についての説明会、株主と社長以下役員との懇談会を開くようにしています。

また、一九九九年度の総会から、積極的な情報開示の一環として、会場内に報道席を設けて一部始終をマスコミにも公開し、世間より一歩進んだ総会を目指しています。

五年ごとの節目

創業後の五年間は、夢はあっても、仕事がありませんでした。

次の五年間は、仕事は続くようになりましたが、資金不足に悩まされ続けました。次の五年間は、急成長の時期でしたが、人材不足がより深刻化していきました。次の五年間は、会社が大きくなって円高や為替変動の影響を受けるようになりました。

次の五年間は、海外へシフトし、グローバル企業の足固めを行ないました。直近の五年間で、世界市場を相手に競争のできる体制が整いました。

日本電産の歴史を五年単位で振り返ってみると、このようになります。

世界企業への第一歩

二十一世紀を迎えても日本経済の低迷は続いていましたが、わが社はニューヨーク証券取引所への上場に向けた準備を着々と進めていました。二〇〇一年九月七日の取締役会で決議し、上場申請を行ないました。その四日後にあの「米国同時多発テロ」が起こったのです。予定していた株式の売り出しは一時中止したものの、上場作業はスケジュールどおりに進められ、同月二十七日、ついにニューヨーク証券取引所への上場を果たしました。

二十八歳で日本電産を創業してから二十八年目のことでした。

企業倫理の確立

わが社がニューヨーク証券取引所に上場を果たした直後の二〇〇一年十月、アメリカの大手総合エネルギー企業・エンロン社の不正会計が発覚し、わずか二カ月後に倒産しました。一方、日本でも大企業の法令違反、不正事件が多発し、企業倫理の欠如が社会問題に発展しつつあります。

そこで、二〇〇三年五月にコンプライアンス（法令順守）室とリスク管理室を新設して、企業倫理に関する意識の徹底、および内部統制の一段の強化を図りました。今後、こうした施策がなければ企業活動も難しくなるという実感を持っています。

新社屋の竣工

二〇〇三年七月二十三日、わが社は創立三十周年を迎えました。この記念行事の一環として、同年三月に地上二十二階、地下二階の新本社ビル、ならびに中央開発技術研究所を竣工しました。私は、創立三十周年記念式典のあいさつで、社員に対し次のように強調しました。

「この新社屋は先を見越して建設したもので、売上高三千億円前後の会社には身分不相応なビルなのです。売上高一兆円を達成してはじめて身分相応となるのです。つまり、成長途上の通過点に過ぎないということを忘れてはなりません」

初心忘るべからず

二〇〇三年に完成した新社屋は、京都で一番の高さを誇り、太陽光発電や電力貯蔵システムなど、さまざまな省エネルギーシステムを導入した環境対応型のインテリジェンスな建物です。

私は、「初心忘るべからず」の決意と願いを込めて、この一階エントランスの奥に、創業当時の作業場となっていたプレハブ建屋をそのまま持ち込みました。

当時つくったモータをはじめ、設計図面、計測機器などのほか、わが社の製品の変遷や創業からの軌跡、理念などを紹介、展示しています。

昔話は明日への糧

幹部会議が終わった後で、たまに昔話で盛り上がることがあります。決まって話題になるのが、ラインの故障や不良品を修復させるための徹夜作業が続いたときのことです。

「あのときは丸二日間眠れなかった」とか、「徹夜で作業をして、そのままトラックに製品を積み、二人で交代して高速道路をノンストップで走り、お客様のタイムリミットにギリギリ間に合った」といった話が次から次へと飛び出してきます。そんなとき、私は最高の心地よさを感じながら、静かに聞き入っていることがあります。

需要が拡大する小型モータ

現在、世界の小型モータ（一〇〇ワット以下）のマーケット規模は約二兆五千億円と言われ、二〇一〇年には四兆五千億円まで拡大すると予想されています。

実際に、コンピュータやOA機器はもとより、家電、自動車などにも多用され、その用途の広がりにも拍車がかかっています。こうした産業界の流れはモーターメーカーである日本電産にとっての追い風で、二〇一〇年の売上高一兆円という目標も、しっかりとターゲットとしてとらえられるようになってきました。

日本の常識の逆を目指す

日本の常識では、企業規模の拡大と高収益は両立しないかのようにとらえられています。もちろん、トヨタ自動車のような例外もありますが、日本ではこういった企業は少なく、会社の規模が大きく、知名度も高くなるに伴って、株価は千円以下となり、成長もスローダウンしてしまうのが普通です。

わが社は、その逆を行きたいと考えています。当面の目標である売上高一兆円を突破しても、コンスタントに高成長、高収益、高株価を維持し続けていきたいと思っています。

最大の社会貢献

「雇用を増やすことが企業の最大の社会貢献」という考え方をもって経営にあたり、今では世界中にベクトルの合った九万人の同志を擁する企業グループに発展することができたことが、私の大きな誇りの一つになっています。

今後とも世界の人たちに働く機会とやりがいを創出していくことこそが、私自身の生きがいであることに変わりはありません。

そのために、世界各地において研究開発、生産、販売という企業活動を忠実に実践し、たゆまない創造力と活力にあふれた企業づくりに邁進（まいしん）していきたいと思っています。

経　営

management

一番以外はビリと同じ

私は、物心がついたころから、近所でも評判になるほどの負けず嫌いでした。勉強でもスポーツでも、遊びや喧嘩でさえも人に負けるのが嫌で、とにかく「一番以外は、たとえ二番であってもビリと同じだ」と考えていたのです。

この気持ちは年々強くなり、やがて「俺は社長になる以外に道はない」とさえ思い込むようになりました。

小さくても、社長は一国一城の主です。鶏口となるも牛後となるなかれ――これが私と日本電産の、すべての考え方の基本の理念として根付いています。

高校時代の進路指導

高校時代に自宅で塾の経営を始めた私は、中学生を相手に時には進路指導も行なっていました。

「君はどこの高校へ行くつもりなのか」という質問に対して、「目標は公立の××高校です」と答える生徒に、次のようなアドバイスをしていました。

「そんな高校へは入っても、ビリになるだけだ。もう二ランク落として△△高校へ行けば絶対に一番になれる」と……。

私は自分が一番になりたいだけではなく、周囲のみんなにも一番になることを強く勧めていたのです。

経営者としての信念

「一番以外はビリと同じ」と考える私は、企業経営でもこの姿勢を貫き通しています。

製品については世界一の品質と精度を堅持し、市場のシェアでも決して二位、三位に甘んじてはならないと自分に言い聞かせています。また、営業力やマーケティング力においても同業他社に絶対に後れをとってはならないと考えています。もちろん、人材についても一流、一番を目指しています。このために、私は「あらゆる努力」と「とことん謙虚」という心情を持ちたいと思っています。こうした信念がなければ、経営者になるべきではないとも思っています。

倍と半分の法則

わが社は、同業他社との競争には絶対に勝つ、という信念のもと「倍と半分の法則」を実践してきました。

つまり、他社が八時間働いているのであれば、われわれは倍の十六時間働き、納期は他社の半分にする――要するに、一生懸命に働こうというのが、今もわが社の伝統として受け継がれている精神なのです。

モータ業界の後発組で、実績も信用も人手も設備も資金もない会社が、並み居る大手企業と競争して勝てるのは何かと考えに考え抜いた苦肉の策がこの法則だったのです。

一意専心の精神

日本の企業は、自社の得意分野を持ちながらも、それらと掛け離れた分野にまで手を広げて巨大化してきました。しかし、日本電産はモータを中心とする「回るもの、動くもの」にこだわり、専門分野をさらに深く掘り進めることによって新たな鉱脈を探り出し、業容を拡大していきたいと考えています。

日本一から世界一を目指し、これをゆるぎないものにするためには、一意専心の精神が大切だと思っています。米国にはインテル社、マイクロソフト社など、一つの分野に特化して巨大企業に成長している例がありますが、わが社もこの方向を目指したいと思っています。

トイレ掃除

わが社では、一九七五年ごろから新入社員は一年間トイレ掃除をするという習慣ができあがりました。しかも、ブラシやモップなどの用具は一切使わず、すべてを素手でやることになっています。

便器についた汚れを素手で洗い落とし、ピカピカに磨き上げる作業を一年間続けると、トイレを汚す者はいなくなります。

これが身につくと、放っておいても工場や事務所の整理整頓が行き届くようになってきます。これが「品質管理の基本」であり、徐々に見えるところだけではなく見えないところにも心配りができるようになれば本物です。

社内結婚を奨励する理由

わが社では、社内結婚を大いに奨励しています。役員や幹部も喜んで仲人を引き受けています。この一番の理由は、「社内結婚だけはしたくない」と社員が口を揃えるような会社が成長、発展するとは思えないからです。また、女性社員が人生を託するにふさわしい会社で働く男性に魅力を感じるのは至極当然なことだと思います。

私の夢は、社内結婚したカップルの二世たちが当然のように親の後を継いでわが社で働いてくれることです。

社員に関心を持つ

今年の正月、グループの約六千名の社員から年賀状が届きました。その全員にひとこと言葉を添えて返事を出しました。それも一律に「がんばってください」ではありません。「この間の君の髪型はよくなかったので、変えたほうがいい」といった内容です。

これは、私が社員一人ひとりに関心を持っているからできることです。そのためには、まず相手の名前を覚え、顔を合わせたときに名前を呼ぶことから始めます。そして、しばらく顔を合わせていない社員には、国内、海外を問わず電話やメールで言葉をかけるようにしています。

社員とのかかわり

かつての私は、男性社員の結婚が決まると、相手の女性に会わせてほしいと頼んでいた時期がありました。そして、婚約者に会い、日本電産はこういう会社で、朝は早いし、夜も何時に帰宅できるかわからない、忙しいときには徹夜になることもあり、社長の私は社員のことをボロクソに叱ってばかりいるといった説明をしてきました。

今、これと同じことを幹部社員がやっています。本来、経営者や管理者はここまで社員とかかわっていかねばならないのではないでしょうか。

社員をわが家に招いた理由

最近は社員の数が増えたために実施できなくなってしまいましたが、かつては正月、日曜、祭日になると、社員を頻繁にわが家へ招待していました。会社では叱ったり、怒鳴りつけてばかりいた私ですが、自宅では笑顔を絶やさず、特に食事のときは、楽しい会話で食卓を盛り上げたものです。

これが社員との信頼関係を構築していく第一歩になると考えてのコミュニケーションでしたが、同時に社員のプライバシーを知るための機会でもあったのです。今、わが社の幹部社員はこれと同じことを実行しています。

新人時代に感激したこと

私がサラリーマンの新人時代に、今も鮮明に覚えている出来事がありました。ある日、社長と廊下ですれ違ったときに、「永守君」と呼ばれ、「君のつくったモータは音が大きいなあ」と声をかけてもらったのです。

社長が入社したばかりの自分の名前だけではなく、どんな仕事をしているのかも知ってくれているという事実に「皮肉をこめたことば」でしたが、感激してしまいました。

私はこの体験を教訓に、たとえ新人の社員であっても名前で呼びかけ、ひとこと、私のほうから気軽に声をかけるように努力しています。

一人の百歩より百人の一歩

会社経営の要諦（ようてい）はどこにあるのかといえば、一人の社員の百歩に頼るのではなく、百人の社員に一歩ずつ歩んでもらうという地道な前進をいかに継続させていくかにあると思っています。

このポイントを読み誤っている経営者は少なくありません。優秀な成績をあげる社員、ずば抜けた能力を持った社員を大事にするあまり、一人の百歩よりも百人の一歩のほうがはるかに会社を強くすることを忘れてしまっているのです。だから会社はいつまでもその一人の社員に頼り、強くなることができないのです。

中堅企業の強み

大企業は自らのやる気に火をつけることができる優秀な人材を多数採用します。この結果、とんでもない業績をあげて燃えに燃えているのかといえば、必ずしもそうではありません。

なぜ燃えないのかというと、自分で燃えられる社員に十年ぐらいにわたって下働きばかりさせるからです。つまり、こうした十年間でやる気を湿らせてしまうからなのです。

中堅企業が強みをいかんなく発揮する秘訣は、社長が先頭に立って、一人ひとりの社員のやる気に火をつけてまわることだと私は考えています。

経営の極意

会社の経営を究極まで突き詰めていくと、実に単純明快な答えが導き出されます。

それは、原理原則にしたがって、当たり前のことを当たり前にやっていくということで、これ以上でもなければ、これ以下でもありません。

「継続は力なり」という言葉がありますが、一切の妥協や譲歩を許さず、誰にでもわかっている当たり前のことを、淡々と持続させていくこと以外に成功する極意も秘訣も存在しません。メーカーにとって当たり前のことは、世の中で求められている品質のものをどこよりも安いコストでつくることです。

我流、自己流を戒める

急成長を遂げた先輩経営者に話を伺っても、ベンチャー企業の経営者が書いた本を読んでも、創業当初には原理原則を無視した、あるいは自分勝手な思い込みで物事に対処し、大恥をかいたというようなエピソードがいくつも残されています。

むしろ、こうした無軌道さが成長力の源泉となる時期もあるということは否定できません。

しかし、会社の規模が大きくなれば、常道を逸脱した言動も許されなくなり、社内的には組織や仕事を混乱させる要因となるので、いわゆる我流、自己流は厳に戒め、排除していかなければなりません。

成長するには脱皮が必要

次から次へと新しい企業が誕生していますが、ごく一握りの企業を除いて、大企業どころか中堅企業の仲間入りさえできずに、短期間で姿を消していきます。

これは、成長の節目節目で、その都度行なっていかなければならない体質改善がうまくできなかったからです。

具体的には、売上高百億円の企業が、社内の風土や人材の育成、さらには、社内の規則などの見直しを行なわずに五百億円企業には絶対になれないということです。企業には芋虫からさなぎへ、さなぎから蝶へといった脱皮を繰り返すという発想が必要となります。

信念を曲げない

ある年、新卒採用を巡ってある大学とトラブルになったことがあります。大学の就職部の言い分は、「日本電産は仕事がハードなために就職した学生が早くに辞める、また、苦情が後を絶たない。それを改善してくれない限り、今後一切学生を紹介しない」というものでした。

しかし、わが社は「それで結構」とまったく意に介さず、バブルのときもその方針を変えませんでした。以降二年間ほど、その大学からの紹介は途絶えましたが、その後、大学側から学生の紹介を復活してきました。

妥協しない、信念を曲げないことは経営に大切なことだと思っています。

人間は失敗から学ぶ

本当に痛い目に遭わなければ思い切った転換ができないのが人間の性（さが）の一つといえるでしょう。

また、逆境に立たされたとき、それをチャンスに変えることができるか、それともピンチを広げるかは、まさに一瞬の決断と、その決断をいかに実践していくかにかかっています。この生々しい成功例と失敗例の積み重ねの中から生まれたのが、現在のわが社を支えている理念と財務戦略です。

決して高名な学者先生のご高説を参考にしたわけでも、金融機関から指導してもらったわけでもありません。

失敗を踏み台に

大きな失敗を踏み台にすることによって、より大きな成功を手にすることができるというのが、私の基本的なスタンスです。

わが社の営業幹部の一人は、若いころに小さな会社ばかりを相手に販売を続け、結構な成績を残していました。ところが、あるとき、相当な痛手をこうむる不渡りをつかんでしまったのです。

私が叱り飛ばした翌日、「もう一度だけチャンスをください」とやってきた彼は、以後、上場企業以外には目もくれなくなりました。この出来事が、現在の日本電産の成長の糧になっているのです。

決断するまでのスピード

私は会社の命運を左右しかねない大きな決裁は月曜に下すと決めています。それは、日曜に丸一日かけてあらゆる角度から何度も検討することができるからです。

これに対して、通常の意思決定は一分以内を原則としています。これを可能にする秘訣は、基本方針、基本理念を自分自身で絶えず反芻（はんすう）、確認していることです。

どれほど多くの案件があったとしても、そのほとんどは基本方針、基本理念の応用にしかすぎません。この決断までのスピードが勝敗の分かれ目になったことも少なくありません。

企業の活性化

「企業の活性化」とよく言われますが、この一番の近道は会社を成長させ続けることです。反対に、成長が持続しなければつぶれてしまうか、現状維持が精一杯のバイタリティーもダイナミックさもない企業として細々と事業を続けていくしかありません。

もう少し身近なところで言えば、会社の成長が止まると新入社員を迎えられなくなります。そうすると、その前の年に入社した社員はいつまでも下っぱ社員でいることを余儀なくされ、いつまでたってもチャンスは巡ってこなくなり、だんだんとやる気をなくすという悪循環に陥っていくことは間違いありません。

三つの原理原則

全国の事業所や関連会社に出張したとき、私は幹部との会議もそこそこに、全社員を集めて昼食会や夕食会を開いています。社員だけではなく、パートやアルバイトの人たちにも参加してもらって、一緒に食事をしながら私の考え方を聞いてもらうのです。

ここでの話の内容は毎回変化を持たせるようにはしていますが、基本的な内容は、「楽をして儲かることはない」「うまい話には必ず落とし穴がある」「理屈よりも行動することが大切」という三つの原理原則に集約されます。

経営者としての覚悟

「絶対に会社をつぶしてはいけない」を大前提に、経営者はあらゆる泥をかぶる覚悟が欠かせません。例えば、明日までにまとまったお金が必要で、それがなければ会社がつぶれるというのであれば、唾をはきかけられようが、土足で足蹴にされようが、「借りるまで帰らない」という気構えを持つようでなければ、経営者になるべきではありません。

「会社をつぶさないためには、犯罪以外は何でもすべきだ」と、講演会でお話ししたことさえありますが、それぐらいの気構えがなければ経営者としての資格はないというのが私の考えです。

知的ハードワーキング

現在の日本電産は、創業当初のような若さに任せたがむしゃらなハードワーキングというのは徐々に姿を消し始めています。しかし、ハードワーキングの看板を降ろしたわけではありません。

肉体を酷使するハードワーキングから、少しずつ頭脳を酷使する「知的ハードワーキング」への移行を進めてきたのです。つまり、それまでは時間で勝負してきましたが、これからは二〇一〇年に売上高一兆円というビジョンを達成するために、情報収集力や組織力で勝負していこうとしているのです。

問題は必ず解決できる

三十年あまりの会社経営で、私が得た教訓の一つが「問題は必ず解決できる」ということです。これまでわが社で解決できなかった問題、開発できなかった新商品はありません。すべてそれ以前よりもはるかにいい結果になっています。

理由は簡単で、途中で絶対にギブアップしなかったからです。新製品の場合なら、たとえライバルの後追いになったとしても、出来るまでやれば、必ず新製品は出来るのです。大切なのはこうした積み重ねで、やれば出来るという自信が問題を解決する原動力となります。

目標は実現可能な最高値

日本電産が事業をスタートさせた最初の月の売上は十万円でした。そのとき、私は年間の売上目標を一億円と設定しました。初年度の売上は七千万円で、一千万円の利益が出ました。すなわち、実現可能な最高値を目標に定めることが大切なのです。

現在、わが社が十兆円の目標を掲げても実現不可能です。しかし、一兆円なら可能で、これが二〇一〇年度の売上目標になっています。そして、一兆円が達成できれば、次は十兆円を目標にします。企業経営というのは、常にこの繰り返しだと考えています。

優良企業の共通点

極論すると、当たり前のことを当たり前にやり、その日にやるべきことを翌日に残さないという二点が、優良企業に共通するポイントです。

会社の業績があがらないのは、社員のせいではありません。八割以上が経営者の責任です。つまり、トップ自らが意識を変えて、この二点を徹底して実践していけば、必ず会社は変わり、優良企業の仲間入りを果たすことができます。

まずはトップの高い意識があって、それに社員が共鳴すれば、会社全体の意識が向上していくのです。

運は引き寄せるもの

事業というのは、最後は天命、すなわち運に委ねられると考えています。

たとえて言えば、あみだくじに一本線を書き加えるだけで、まったく違う結果になるように、事業もどこでどう転がっていくのかは経営者にもわかりません。まさに、一寸先は読めないのです。

ただ、できるだけ思惑とは違う方向へ転がらないように、最善を尽くさなければなりません。

また、運というものは、働いて、働いて、引き寄せるものだというのが、私なりに到達した結論です。

最も公平な判断

トップが社員の誰かの意見を採用する際に大事なことは、誰の意見が一番会社に利益をもたらすのかということです。これを貫くことが、会社経営では最も公平な判断なのです。

また、会社で偉くなれるのは、一番に利益を上げた社員で、難しい方程式が解けた人ではありません。

このことを明確にして、社員に伝え、トップはこれを実践していく必要があります。こうした当たり前のことが明らかになっていない企業が、まだまだたくさんあるように思います。

会社は公器

日本では「会社は公器」という意識がなさすぎたように思います。とにかく利益を上げることが公器たるゆえんです。

にもかかわらず、会社は社会主義的公器になっていました。労使協調のもと、会社を食いものにしてきたところが見受けられます。それでも経済が右肩上がりのときは、問題点が表面化しなかったのですが、今は違います。

中国にはこんな笑い話があるそうです。

「日本人とあまり深くつき合うと社会主義になるぞ」

日本より中国のほうがはるかに競争原理が働いています。

常にマイペースで

先般、イギリスの新聞が私のことを取り上げてくれました。

「欧米がなくしたよさを彷彿させてくれる永守のやっていることを、もう一度学ぶべきではないか」といった記事の内容でした。私は、面はゆい気持ちでいっぱいになりましたが、そのときに、人間が一生懸命働いて報われないはずがないと、改めて痛感させられました。

日本電産を創業して三十二年間、オイルショックで人々がパニックに陥っていたときも、バブルで世間が浮かれていたときも、私は一つの信念のもとに常にマイペースでやってきました。

秀吉を尊敬する理由

信長、秀吉、家康の三人は、しばしば比較の対象にされる天下を統一した戦国武将ですが、この中で私が最も尊敬するのは秀吉です。なぜなら、信長や家康は大将になるべき家に生まれてきた人ですが、秀吉は身分制度の厳しい時代に、才覚と努力だけで成り上がり、天下を手に入れたからに他なりません。

また、軍略に秀でていただけではなく、「人たらし」と異名をとるほど人心掌握術にも長けていました。いかに人の心をつかむのかについても、秀吉の数多いエピソードがとても参考になります。

学生時代の教訓

私は、階段を使って昇り降りするときに、降りる場合はゆっくりと、昇る場合は急いで一気に駆け上がるようにしています。なぜなら、嫌なことほど早く済ませてしまいたいからです。

仕事でも、やりたくないことを先送りにしていると、いつまでもそのことが頭の片隅から離れず、気分的にも落ち込んでしまいます。学生時代の私は、日々の宿題はもちろん、夏休み、冬休みの宿題も早々に済ませて、心置きなく遊んだものです。

これが私の学生時代につかんだ教訓です。

一年三百六十五日休みなし

毎朝六時前に起き、七時には会社に出勤して、退社するのは夜の十時を回ってからというのが、私の日課になっています。

そして土曜、日曜は経営会議や社員研修会の講師、海外出張の移動日などにあてています。

つまり、一年三百六十五日、睡眠と食事、入浴時間以外は休みなく働いていますが、これでもまだ働き足りません。自分の思ったこと、やりたいことを貫いているわけですから、苦しいと感じたことはありません。それどころか、毎日が充実し、楽しくて仕方がありません。

大切な下積み経験

どれほど立派な大学を卒業しても、下積み経験のない社員は、やがてダメになってしまうというのが、私の考えです。

学生時代に学んだことなど、たかが知れていて、これだけで世の中を渡っていけるはずがありません。

大きな仕事をやりたい、あるいは、自分の夢とロマンを実現したいと望む人ほど、小さな仕事にも手を抜かず、他人の嫌がる仕事を進んで引き受けることが必要です。職場の掃除や現場実習の単純作業も、毎日これを繰り返している人の気持ちを理解するために欠かせない通過点なのです。

プロの世界

数年前、渡米する飛行機の中で世界中に名前を知られたピアニストと、偶然席が隣り合わせになりました。その人は食事が済むと、ピアノの鍵盤の模型のようなものを取り出して、それをたたき始めました。

理由を尋ねると、「一年三百六十五日練習が欠かせない。一日休むと自分にわかる。二日休むとパートナーにわかる。三日休むと観客にわかる」といった答えが返ってきました。

プロの世界というのはすべて同様で、地道な練習を継続する以外に近道はないことを思い知らされました。

人間の潜在能力

「火事場の馬鹿力」という言葉がありますが、三十二年間の会社経営の中で、本当に人間にはとんでもない潜在能力が秘められていると痛感させられたことを何度か経験しています。

この潜在能力が発揮できるかどうかは、ひとえに緊張感があるかどうかです。会社や職場、そして個人にも緊張感がなければ、奇跡とも思えるような逆転ホームランが飛び出すことはありません。

緊張感を生み出し、これを持続させることができれば、多少の能力不足は軽く補うことができると思っています。

家庭か仕事か

かつて私は、独身の男性社員に、「家庭と仕事とどちらが大事だと思う」といった類の質問をしたことがありました。連日の残業で、帰宅時間が夜中の十時、十一時になれば、いずれ結婚をすると、奥さんからこういった選択を迫られるのは必至だからです。

どちらの答えが返ってきても、私は定年を課長で迎えるのと、役員で迎えるのとでは退職金にこれぐらいの差があるという話からはじめ、楽しみは将来に残しておいたほうがより大きくなると、家庭と仕事を両立させる大切さを訴えてきました。

マラソンよりも短距離走

人生はマラソンにたとえられることがありますが、マラソンの五キロ地点で先頭グループから百メートルも差をつけられると、まず追いつくことはできません。まして、ライバルよりも遅いランナーならなおさらのことでしょう。

会社では、マラソンよりも短距離走のようなイメージで、「こんどこそ頑張れ」「次には勝てる」といった具合に、何回も区切りをつけて一からスタートが切れる仕組みが必要となります。特に、一流でない社員ほど、何度もチャレンジさせてみる根気が経営者には欠かせません。

採　用

employment

最初の新卒採用

創業二年目の一九七四年、わが社は新卒社員の採用に踏み切りました。社員みんなで手分けして大学、高校の就職課をまわり、ＰＲにも努めました。当時はオイルショック後の不況で、大企業が揃って採用を手控えたこともあり、少なくとも十名ぐらいは集まるだろうと安易に考えていました。

会社訪問当日、私たちはワクワクしながら待っていましたが、たった一人の訪問者もなく、時間だけが過ぎていきました。そして、お通夜のような雰囲気の中で、学生のために用意した寿司を食べたことを、今でも忘れることができません。

洞察力と表現力

創業三年目に、新聞に「新卒募集」の求人広告を載せたところ、どこにも行くあてのない六名の学生が応募してきました。

この六名に「何か得意なことはあるか」という質問をすると、そのうちの一人から「パチンコなら誰にも負けない」という返事が返ってきました。心の中では「パチンコか」と思ったものの、作文を書かせてみると、その深い洞察力と巧みな表現力に私は驚きました。

学校の成績は惨憺(さんたん)たるものでしたが、後に彼はわが社の大幹部となり、社内で一番説得力のあるレポートの書き手に成長しました。

企業にとっていい人材とは

企業にとっていい人材というのは、世間で言われる、いい学校を卒業した人でも、学業成績が優秀な人でも、一流の会社に勤めていた人でもありません。心の中に種火を持っていて、自分で自分のやる気に火をつけられる人が、いい人材だといえます。

わが社は創業期に、そうしたいい人材を採用したい一心で、「大声試験」「早飯試験」「マラソン試験」といった型破りな採用試験を実施して世間から顰蹙(ひんしゅく)を買ったものですが、現在、わが社の幹部社員となって大活躍しているのは、こうした試験で採用した人たちです。

学校の成績は度外視

わが社は創業以来三十年余、新卒採用のために一度もペーパーテストを行なったことがありません。すべて面接での決着です。それは、創業間もないころに、一般の会社がするような学科試験や常識テストを実施して、点数のよい順に採用したのでは、絶対に大企業には勝てないと考えたことが発端でした。

学校の成績を度外視して新人を採用するというのは、それなりに勇気が要ります。それでも磨きをかければ光り輝く石を探そうと、いろいろ知恵を絞り、工夫をして、日本電産独自の採用方法をつくりあげてきたのです。

大声試験

仕事ができる人は声が大きいというサラリーマン時代の経験則から、一九七六年度の新卒採用試験で実施したのが、「大声試験」です。

これは一つの文章を用意して、応募してきた学生に順に読んでもらい、声の大きい人から順に採用するというものでした。

のちに、電話をかけさせてみるということもやってみました。これで声の大きさや自分の言葉で話ができているかどうかを判断しようとしたのです。

要は、何でもいいから自信があるかどうか、これを注意深く観察しようとしたのです。

能力の差と意識の差

三十年以上の間にたくさんの社員を採用してきました。その中で、つくづく感じることは、人間の能力には大差がないということです。

人の総合的な能力の差というのは、天才は例外としても、秀才を含めてせいぜい五倍、普通は二、三倍程度の違いしかありません。しかし、やる気、意欲、意識の差は百倍の開きがあると感じています。

つまり、高い能力を持っていても、やる気や意識の低い人を採用するより、多少能力は劣っていたとしても、やる気や意識の高い人を採用するほうが、はるかに戦力になります。

意識の差は百倍

個人の能力の差というのはせいぜい五倍ぐらいですが、意識の差は百倍になるというのが、わが社の採用と教育のベースとなっています。

つまり、最初から高い能力を持った人を採用するというよりは、ごく人並みの能力を持つ人を採用し、私自身が先頭に立って、社員の意識を高めることに全力を傾注していきます。

わが社が創業三十二年で売上高四千八百億円の企業グループに成長した要因は、社員の意識を変えたことに尽きると思っています。

早飯試験

過去三十年間、学校の成績が優秀だったというだけで採用した人は、まず育っていませんし、むしろ途中でリタイアした人が大半です。

逆に、現在、ものの見事にわが社の主人公となっているのが、一九七八年度に実施した「早飯試験」で採用した社員です。この年に応募してきた卒業予定の百六十名に面接を行なって七十名に絞り、この人たちに用意した弁当を食べてもらい、早く食べ終わった順に三十三名を無条件で採用しました。

ほかにもいろいろ試してみましたが、一番成功したのが「早飯試験」でした。

「早飯試験」の合格条件

「早飯試験」は、仕出し弁当屋さんに、スルメや煮干をはじめ、噛まないと飲み込めないようなおかずばかりを入れてほしいと注文しました。弁当屋さんは不思議がっていましたが、事前に私や社員が試食したところ、いちばん遅い社員でも十分で食べ終わったので、十分以内に食べた学生は全員合格と決めました。そこで、学生には何も知らせずに、弁当を食べてもらい、三十三名を無条件で採用したのです。

不合格となって怒り出す学生もいたし、世間から顰蹙も買いました。しかし、新卒者の採用試験で、最も成果の上がったのが「早飯試験」でした。

先んずれば人を制す

一九八〇年度の入社試験は、試験会場に早く到着した者から順に採用していくというものでした。

「そんな無謀なことを」と思われるかもしれませんが、この試験を実施する前に、社内で一定期間調べてみると、出社時間の早いか遅いかによってその成績に差があることが、はっきりとデータにもあらわれていたのです。

「先手必勝」とか「先んずれば人を制す」という言葉がありますが、ビジネスの世界でも例外ではありません。時間的な余裕は心のゆとりにつながり、この積み重ねがやがて大きな差となるのです。

「留年経験者に限る」

正直な話、学問というのはとても退屈なものです。好奇心の旺盛な若者なら学業を忘れて何かに打ち込んだために留年することがあるかもしれません。

しっかりとした目標を持っての留年であれば、漫然と学校に通って無事に卒業した学生よりも見所があるはずだと、一九八一年度の採用条件は、「留年経験者に限る」としました。

「留年したことを後悔していない」と断言した応募者の中に優秀な人材がいたため、この年以降、毎年何名かの留年組を採用するようになりました。

人材採用と育成の原点

会社が人材を採用するときに、どこの学校を出たとか、成績がどうだったかというのは、その人物を判断する決定的な材料になるものではありません。なぜなら、それは企業の経営者が下した判断ではないからです。

私は、わが社がどんなに大きな組織になったとしても、新入社員の採用に関しては、十分なフォローをして、私の責任のもとに人材の確保と育成にあたろうと考えています。

それが、私の人材採用、人材育成の原点となるものだからです。

学校と会社の成績は無関係

「大声試験」「早飯試験」といった、成績を度外視した採用試験を行なってきましたが、学校の成績表を提出してもらわなかったわけではありません。

預かった成績表は、封を開かずにそのまま金庫に保管しました。そして、五年後にこの成績表を見て、入社後の本人の企業内での成績と比較してみようと考えたのです。

五年後に学生一人ひとりの成績表をひもとくと、学校の成績と会社での成績はまったく無関係なことが、年とともに明らかになり、わが社の採用法が間違っていなかったことが証明されたのです。

天国と地獄を味わった人

わが社では中途採用者の選考にあたり、前に勤めていた会社の社風も参考材料にしています。ぬるま湯的な社風の会社にいた人は、無意識のうちに事なかれ主義の社風に染まっているからです。

ところが、一度は会社が急成長し、その後に経営状態がおかしくなって、リストラや倒産で転職してきたという天国と地獄を味わった人は、貴重な人材となるケースが少なくありません。なぜなら、会社が落ち込んだときの厳しさを知っているので、会社をよくしようという気持ちが人一倍強いからです。

ワラをもつかむ気持ちで

　これまでわが社は、世間の目には奇異と映るさまざまな採用試験を実施してきました。しかし、これらは何も奇をてらったわけではなく、いい人材を採用したいという一心で、ワラをもつかむような気持ちで始めたことなのです。

　予想以上に成果をあげた試験、あるいは無念な結果に終わった方法、今なお判断がつきかねているものもあります。

　といっても、こうした採用試験がユニークだったためにマスコミなどでも騒がれ、応募者が年々増加したことを思うと、決して間違ってはいなかったと考えています。

常識外れのスカウト

ようやく会社としての体裁が整い始めたころから、私は基盤強化のために、主として大企業に的を絞って、あらゆる部門のスペシャリストのスカウトに力を注ぎました。わが社と取引があった商社の海外支店長を皮切りに、業種を問わず「これぞ」と感じた人材に、かなり強引にアプローチしていきました。

それも、今から思えば常識外れのスカウトでした。年収も肩書も大幅にダウンするのを承知のうえで、日本電産の将来性を熱っぽく説明し、夢とロマンを共有しようと強く訴えたのです。

出来ない証明はいらない

日本電産を創業してしばらくは、なかなかいい人材が集まらなかったので、大手のモータメーカーを辞めた人をずいぶん中途で採用してきました。二十年、三十年のキャリアの持ち主です。

こういった人に、「こんなモータを開発してほしい」と仕事を持ち込むと、頭が痛くなるような難しい数式を黒板に書いて、「だから、実現不可能です」と証明をします。

「出来ない人は、会社にとって必要ありません」と話して辞めてもらいましたが、そこで残ったのは何と、「大声試験」「早飯試験」で採用した社員だったのです。

スカウトしたい人材

「手強(てごわ)い相手ほど味方にすれば頼もしい」というのが、私が人材をスカウトする場合のテーゼになっています。

例えば、AとBの二つの会社があり、A社の購買課長は、価格面で一切妥協してくれない、営業担当者にとっては一筋縄ではいかないタイプ、一方のB社の購買課長は、気は心で、お茶の一杯もご馳走するとそこそこの価格を認めてくれるありがたいタイプだったとすると、私が迷わず食指を動かすのはA社の購買課長です。

納入業者から嫌われる購買課長、金を出さない経理部長がスカウトする条件です。

女性社員の採用

女性社員を採用するときに、私が最も重視しているのが育ってきた環境です。といっても、経済的に豊かな家庭に育ったお嬢さんという意味ではありません。

一口で説明すると、放任主義の家庭、つまり親が娘に対して躾(しつけ)らしい躾もせずに、何をしようが叱ったり、文句一つ言わずに甘やかされるだけ甘やかされた女性は、自分勝手な言動が目立ち、団体生活には適さないからです。

もちろん、時間をかけて教育すれば直せるでしょうが、わざわざそんな人を採用する必要はありません。

混血は美男美女をつくる

日本電産国内単体の社員数は、現在約千七百名ですが、そのうちのほぼ三割が転職者です。転職者は、一流企業、銀行、研究機関などさまざまなキャリアの持ち主が集まっています。

もちろん、新規で採用したプロパーの社員の成長も目覚しく、幹部社員として活躍する姿も目立ってきました。

「混血は美男美女をつくる」といわれますが、転職者の知識、ノウハウ、経験と、プロパー社員の若々しいエネルギーが一つになったとき、わが社のパワーをフルに発揮することができます。

即戦力になる新人

私はアメリカでも新卒者の採用にタッチしてきましたが、新卒者でも即戦力になる人材がいて、初任給でも二倍ぐらいの開きが出ることもあります。

具体的には、「回路はこういうふうに組める」とか、「こんなモータの設計ならできる」といったように、十年選手と同じぐらいの力を持っていたり、すぐにベテラン技術者の議論の中に入れるような新入社員がいるのです。

アメリカでは、毎年二十名ずつぐらい採用していますが、必ず一人や二人、本当に学生なのかと驚かされる人がいます。

人　事

personnel affairs

ユニークな新入社員研修

入社試験だけではなく、創業当初のわが社の新入社員研修も、新人の度肝を抜く、きわめてユニークなものでした。

まず初日の一時間目に実施するのが、「退職願の書き方」です。その後も、先輩社員が次々に登場して、「日曜出勤の楽しみ」「徹夜作業の楽しみ方」といったテーマで講義やスピーチを行なっていました。さらに一年間のトイレ掃除というおまけまでついていたのですが、予想したほどの落伍者は出ませんでした。研修内容は、十五年ぐらい前から少しずつ変えてきましたが、基本の精神は当時のままです。

楽しみは後に回す

「先憂後楽」という言葉には、いろいろな解釈があるようですが、私は先に苦労をしておけば、やがてその苦労は報われて楽しみも大きくなるというふうに理解しています。これは、会社にも仕事にも、人生にも当てはまることです。

要するに、人間一生の収支はプラスマイナスゼロで、自分がした苦労や努力以上のものを手に入れることはできません。したがって、苦労はできるだけ若いうちにすべきだという考えから、わが社の新入社員教育は、一切手抜きのない、かなりハードな内容になっています。

マナー研修

社員研修の目的は、仕事の能力を高めることにあるのは言うまでもありません。しかし、わが社では仕事だけに限定せず、個人の総合的な能力を高める研修にも力を注いでいます。

その代表がマナー研修で、集合研修には必ずマナー講習が含まれます。理由は、身につけたマナーは、たとえ転職をして別の道を歩んだとしても、女性社員が結婚して家庭に入ったとしても、その人を助けるからです。そして、「さすが、日本電産に勤めていただけのことはある」と言われるようにしたいからに他なりません。

自由参加の社内研修会

私は規模の拡大に応じた人材の育成さえ出来れば、目標よりもさらにスピードをアップして成長できると考えています。

そこで、わが社では他の経費を削ってでも社員教育を充実させようと、年間五十二週のうちの三十五週前後の土曜、日曜に、一泊二日の研修会を実施しており、私はこの日曜の午後の講師を受け持っています。

内容的には、意識向上のための研修が主となっており、テーマを与えて議論するのがメインです。自由参加のうえ費用の一割程度は本人負担ですが、毎回盛況です。

倒産会社から学ぶ

わが社の中途採用者の中には、倒産会社に勤めていた人も割合多く交じっています。かなり以前に、こうした中途採用者の生（なま）の話を他の社員に聞かせると、何かしらの効果があるのではないかと考えたことがありました。

事前に、何人かをピックアップして、前の会社の倒産理由を質問してみると、倒産する会社の共通点がわかりました。その最大の要因は、経営者を含めて、責任を取ろうというような意欲のある人材が皆無に近いということです。まず倒産会社の社員を教育してからの社内セミナーは、わが社の人材教育にとても役立っています。

加点主義を貫く

わが社は創業時代から加点主義を貫いてきました。怠けた結果の失敗は徹底した叱責の対象となりますが、評価が下がることはありません。前向きな取り組みや行動については、結果のいかんを問わずプラス評価を行ないます。

反対に、減点主義をとれば、言われたこと以外に何もしない社員のほうが、積極的に新しいことにチャレンジして失敗した社員よりもはるかに高い評価になってしまいます。こんな理不尽を放置しておくと、社員はやる気、意欲を失っていくことは目に見えています。

成功体験と成功報酬

成功体験は、社員の成長に大きな影響を与えることはまぎれもない事実です。そして、この成功体験が成功報酬に直結していることも重要なポイントとなります。

わが社は他社と比べて、早くから能力給中心の賃金体系を導入してきましたが、まだ完全な能力主義とは思っていません。

私は能力主義を標榜(ひょうぼう)する限りは、入社十年の社員なら約三倍、入社二十年で五倍ぐらいの格差があっても当然だと考えており、今はまだその過渡期ですが、社員とも十分に話し合って、徐々にこの数字に近づけていこうとしています。

チャンスは平等に

日本電産は、タフで男性的な会社だというイメージを持たれているようですが、女性にも男性と対等に活躍できる環境が整っています。すなわち、チャンスは性別に関係なく平等に与えるというのがわが社の基本方針で、実力があるかどうかで判断されます。

例えば、本部スタッフの場合でも、女性は男性のアシスタントといった位置づけではありません。男性と同様に一分野の仕事をすべて任せています。これは海外でも例外ではなく、自ら名乗り出れば、その実力と実績に応じた活躍の舞台を与えています。

長期雇用の原則を守れ

日本的経営の高度成長時代のメリット、すなわち、大きいことはよいこと、ブランドでモノが売れる、労使一体の安定経営などが、最近ではことごとく経営の足を引っ張るデメリットに変わってきました。

では、日本的経営で企業は立ち行かなくなってしまうのかといえば、そうではありません。残すべき長所を残さなければ、ますます日本はダメになってしまいます。

その代表が長期雇用の原則です。終身雇用は崩れても、技術や技能が十年単位でしか身につかないことを考えると、長期雇用の原則は守られなければなりません。

競争原理は不可欠

欧米のような実力主義一辺倒ではなく、実力主義を取り入れながらも、年功序列的な要素を残すことで、雇用の安定度を高めて技術力を蓄積し、継承していくというのが、今後の日本電産の歩むべき道であると認識しています。

もちろん、競争の原理は不可欠で、頑張った社員の報酬は多く、怠けた社員は少ないというわかりやすいシステムも必要になります。また、成果が出せない社員については、本人のやる気を喚起しても改善されない場合には、解雇といった厳しい処分もやむを得ないと考えています。

教　育

education

最初から優秀な人材はいない

日本電産を旗揚げしたとき、私に同調してついてきてくれたのは、母校である職業訓練大学校の後輩三名だけでした。

ところが、彼らはモータに関しては大した技術も知識もなく、素人同然だったのです。のちに全員わが社の大幹部に成長しますが、当時はお世辞にもプロとして優秀とは言えませんでした。

これはどの企業も同じでしょう。最初から優秀な人材が集まって創業する企業のほうが少数派です。普通の人をどうすれば優秀な人材に育てられるか？　これがわが社の人材教育の出発点となりました。

社員教育の基本

ウサギとカメが駆けっこをして、足の速いウサギは油断して途中で眠ってしまい、休まずに歩み続けたカメが追い抜いてウサギに勝つという「ウサギとカメ」の話があります。

ところが、現実にはこのようにうまくはいってくれません。なぜなら、人間の大多数が「怠けないカメ」ではなく、「怠けるカメ」だからです。

社員教育の基本は、知識を詰め込むことでも、技術を教えることでもなく、「怠けるカメ」を「怠けないカメ」にすることだというのが私の考えです。

最大の福利厚生は能力アップ

福利厚生といえば、寮や社宅、保養施設、あるいは住宅融資制度などが大きくクローズアップされた一時期がありました。

たしかに、福利厚生が社員の豊かな人生をトータルでサポートしていくという目的を果たすためには、こうした施設や制度が必要で、わが社でも充実させていく必要があります。

ただ、社員に対する最高の福利厚生は、本人の能力アップだというのが日本電産の考えで、仮にわが社を辞めて他社に移ったとしても通用する能力の開発を最優先していく方針を貫いてきました。

去ってほしい社員の条件

わが社は一九七八年に最初のスローガンをつくり、以来、毎年新しいスローガンを加えてきました。第一回目のスローガンは、人材の確保に四苦八苦していた時期にもかかわらず「去ってほしい社員の条件」として、次の七項目をあげています。

- 知恵の出ない社員
- すぐに他人の力に頼る社員
- やる気旺盛ではない社員
- よく休みよく遅れる社員
- 言われなければできない社員
- すぐ責任転嫁をする社員
- すぐ不平不満を言う社員

登用される社員の七条件

設立十二年目の一九八四年度の年間スローガンは「登用される社員の七条件」でした。

- ●健康管理のできる社員
- ●仕事に対する情熱・熱意・執念を持ち続ける社員
- ●いかなるときもコスト意識を持てる社員
- ●仕事に対する強い責任感を持てる社員
- ●言われる前にできる社員
- ●きついツメのできる社員
- ●すぐ行動に移せる社員

教育しても無駄な人

私なりの基準で社員を二つのタイプに分類すると、叱りがいのある社員と叱りがいのない社員ということになります。前者は、叱れば叱るほど伸びてきますが、後者はいくら叱っても進歩が見られません。

- 叱ると言い訳ばかりする人
- 叱られても平気でいられる人
- 他人が叱られていても無関心な人
- 他人を叱ることができない人
- プライベートの部分で口を閉ざす人

といった人をいくら叱っても、教育しても、徒労に終わるだけです。

サラリーマン根性

「サラリーマン根性」という言葉があります。これを私は時間の切り売りと解釈しています。

つまり、「私は朝八時に出勤して、五時まで会社にいます。ロクに注文を取ってもこないし、入社して五年間何一つ新製品開発をした実績はありません。しかし、毎日会社に出てきているので八時間分の給料をください」というのが、サラリーマン根性だと定義づけているのです。

いくら優秀で、やる気のある人を採用しても、周囲にこんな社員がいれば、新人はすぐにダメになってしまいます。

規制と自由

少子高齢化社会がどんどん進展しています。最近は親の目が行き届きすぎて、「あれをやってはいけない。これもやってはいけない」と過保護になり、自分では何もできない子供が増えています。

社員も同じです。規制することばかりを教えると、そこで成長が止まってしまいます。かといって、放任主義でもいけません。どこでどう規制をかけ、自由に任せるのはどこまでなのかの一線を明確にしておかなければ、伸びる社員を殺してしまうことになります。社員成長の立場から、この一線を明確にするのも経営者の責任です。

「歩」を「と金」にする

最近は、わが社も一応の体裁は整ってきましたが、かつては、ライバルであった一流企業に何一つとして勝てるものがありませんでした。

博士号を持った人材がたくさん在籍し、立派な研究施設を完備し、ブランド、社歴、そして資金力も豊富な一流企業と戦うためには、私自身が身体を張って社員を教育し、足りないところは精神力で補うしかなかったのです。

将棋にたとえると、手持ちの「歩」を敵陣にいれて「と金」にするという捨て身の戦法に徹してきたのです。

学校教育への危機感

私は、いわば入口と出口だけを教える最近の学校教育に、大きな疑問と危機感を抱いています。

つまり、答えさえ合っていれば試験に合格できるという受験偏重型の教育が、子供や若者が本来持っている創造力や想像力をどんどん低下させているという現実です。

社会や会社で大切なことは、答えそのものではなく、それを導き出すまでのプロセスをいかに論理的に積み重ねていくかなのです。答えを最初に見つけて、それにつじつまを合わせていくような人間は会社には何の役にも立たないのです。

学校教育の問題点

今の学校教育には大いに問題があると私は考えています。あまりにも画一的になりすぎて、個人の持って生まれた長所や個性を伸ばす努力が疎か（おろそか）になっている点です。日本にリーダーが育たない大きな原因の一つがここにあります。

一方で、競争心や闘争心の芽を摘んでしまう教育にも疑問を持っています。例えば、小学校の徒競走で、順位を決めないとか、全員が並んでゴールのテープを切るといったおかしな風潮です。「走るのは遅いけれど、絵を描かせたら素晴らしい」というように、個人の長所を伸ばしていくことこそが本当の教育ではないでしょうか。

夢のない若者たち

各国の若者に「あなたの人生目標は何ですか」という質問をした調査結果を見て、愕然（がくぜん）としたことがありました。

アメリカの若者が「高い地位を得たい」「偉くなりたい」を上位にあげていたのに対して、日本の若者の六割以上が、「人生を楽しんで生きる」をトップにあげていたのです。

私たちが社会に出た当時と時代が違うことは認めますが、これではあまりにも夢がなさすぎます。今日、明日の生活に困るような状況に追い込まれないと、若者の意識は変わらないのかもしれません。

目に余る若者の表現力不足

携帯電話が一台あれば、それこそ何でもできる時代になりつつありますが、ことビジネスになると、電話がうまく使えない若い人たちが増えています。つまり、電話で相手に自分の意思が正しく伝えられないということです。

こうなるのは、電話があまりにも身近になりすぎて、事前準備もなくいきなりボタンを押してしまうこと、そして普段から手紙や文章を書く訓練ができていないために、ボキャブラリーが貧困なことです。私は改めて表現力を身につける大切さを社員に訴えていこうとしています。

時代錯誤と言われても

わが国はこの半世紀で未曾有の高度成長を遂げ、社会資本が充実した結果、新入社員にも高額な初任給が支払えるようになっています。

しかし、世界の大勢からいえば、これはむしろ異常なことです。日本でもわずか五十年前まで、社会に入りたての人にはほんの申し訳程度の給与しか払われませんでした。

こうした理屈がわからない社員を育てることはできません。だから、たとえ時代錯誤と言われようとも、私は新入社員に対してここから教育をスタートさせたいと思っています。

使い上手は使われ上手

上司の指示を先読みして、準備や行動に移せる社員は、これだけでリーダーの資質を備えているといえます。つまり、主体的に動ける人というのは、例外なく人を動かすのがうまいからです。

人は人のために動いてみてはじめて、部下の立場がわかる上司になれます。ところが、年齢やキャリアだけで役職を手に入れた人にはこの機微がわからず、自分の嫌なことを部下に押しつける傾向が強くなり、部下の心が離れてしまうのです。「使い上手は使われ上手」という言葉どおり、まず使われ上手になることが大切です。

女性社員は会社を映す鏡

一九八三年、わが社は立地条件に恵まれた京都・四条大宮にあった本社事務所を、烏丸御池のオフィス街に移転させました。その理由は、近くにクラブやスナック、消費者金融業者などが増え、女性社員の退社時間になると、ケバケバしい服装や化粧をした女性を数多く見かけるようになったからです。

私は、女性社員こそ会社の現在と将来を映し出す鏡だと考えています。その大切な女性社員が、周囲の環境に知らず知らずのうちに染まってしまったら、取り返しがつきません。そこで、早々と事務所の移転を決心したのです。

取引先を知るには

私は女性社員こそ「会社の鏡」だと考えています。例えば、取引先のことを知りたければ、男性社員よりも女性社員の言動をじっくりと観察します。

具体的には、昼休みにその会社の近くの喫茶店へ行き、真ん中あたりのテーブルに陣取って、彼女たちの会話に耳を傾けます。タバコをプカプカ吸い、乱暴な言葉づかいの女性社員が目立つようなら要注意です。

そういう女性社員が何人かいると、必ずまわりの人間を巻き込んでいくからで、ここで手抜きをしている会社の将来は決して明るくありません。

社員を叱る難しさ

私は、これ以上やると会社を辞めるかもしれないという限界まで声を荒立て、相手を震え上がらせるほど真剣に叱って社員を育ててきました。しかし、叱れば人が育つというものではありません。ダメな人間が叱られるという雰囲気の中では、かえって逆効果になってしまいます。

大きな期待をかけている社員ほど叱る、叱られたことをバネに、「なにくそ！」とやる気を起こしてくれるから叱るという土壌をつくってからでなければ叱ることはできません。こうした準備に手間暇をかけるから、思い切った叱り方ができるのです。

別れたくない意思表示

「夫婦喧嘩は犬も喰わない」という言葉がありますが、喧嘩をしている間はまず離婚はありません。互いの気持ちが冷え切っているのであれば、わざわざ喧嘩などしないで即別居となるでしょう。

私が社員を叱るのもこれと同じで、実は辞めないでほしいという意思表示でもあるのです。「期待しているのだから、もう少し頑張ってほしい」という気持ちが強いからこそ、思わず怒鳴り声をあげてしまうのです。

本当に辞めてほしい社員であれば、私も貴重なエネルギーを浪費するようなことはしません。

叱り方の使い分け

私は社員が一生懸命につくった図面や書類などに不備があれば破り捨て、怒鳴り、叱りつけて育ててきました。しかし、社員といっても他人を叱るのですから、本人のプライバシーはもちろん、家庭環境、性格、長所・短所にいたるまで、すべてを知り尽くしてからでないと、本格的に叱ることはありません。

その叱り方もワンパターンではなく、社員が百名のときには百通り、千人になれば千通りの叱り方を使い分けてきました。これができることが経営者の資質の一つだと考えています。

叱る場所とタイミング

いろいろな本を読むと、たいていは相手の立場やプライドに配慮して人前で叱ってはいけないと書いてあります。しかし、私はあえて相手の立場やプライドをペシャンコにするために、京都駅のプラットホームやお客様、あるいは出入りの業者の前で叱りつけたこともありました。

その一方で、相手が涙を見せると判断すれば人前を避けたり、私の顔を直視できないようなら、寿司屋やバーのカウンターなどを使ったこともありました。芝居や演技で叱ったことはありませんが、叱る場所、タイミングは演出していました。

長所があるから叱れる

「叱って育てる」というのが、私の人材育成の基本ですが、相手に褒めるところがあるから思い切った叱り方ができるのであって、褒めるところを見つけるのに骨が折れるような人物は、かえって叱りにくいというのが正直な実感です。

普段は、まず口に出して社員を褒めることはありませんが、心の中では「A君の企画の着眼点はすばらしい」とか、「Bさんの接客態度は完璧だ」とか、日頃からチェックを怠りません。そして、雷を落とした後には、これを使って必ずアフターケアを行なっています。

幹部から叱って育てる

一口に叱って育てるといっても、叱り方を一歩誤ると、将来ある社員を再起不能にしてしまう可能性があります。したがって、入社早々の新入社員をいきなり叱ったりはしません。一年ぐらいかけて性格、価値観、反応の仕方などをじっくり調査してからになります。

しかし、幹部社員は別です。入社したばかりの中途採用者でも、すぐに部下を叱れる立場になってもらいたいので、最初に、他の幹部をガンガン叱っているところを何度か見せ、その後は本人を叱って育てていきます。

裏方の社員は褒めて動かす

私が叱ったり、怒鳴ったりして育ててきたのは、主として営業や技術部門の社員たちです。一方で、会社には総務や経理といった管理部門もあります。管理部門の仕事は地道で、営業の大口受注や技術の製品開発のような華々しい活躍の場がありません。

したがって、管理スタッフを叱りつけるとかえってマイナスになります。

バネと同じで、押しても戻る力を持っている営業や技術の社員は叱ることが有効ですが、管理スタッフには逆効果で、褒めることをメインにしなければ、動きが鈍くなってしまいます。

組織をダイナミックに動かす

わが社では、私自身が先頭に立ってかなりハードな管理者教育を実施しています。ライオンはわが子を谷底へ突き落とし、そこから這(は)い上がってくることができた子供だけを選んで育てるといわれますが、日本電産の管理者教育もこれに似たところがあります。

組織をダイナミックに動かしたいのであれば、経営者は何はともあれ強い幹部候補生を選び、自らの手でより強いリーダーに育てることです。

この原則を無視する企業に輝かしい未来はありません。

本来人間は働き者

「やる気のある人間」という言い方をしますが、私はすべての人間がやる気を持っていると考えています。ところが、いろいろな理由で、本来は働き者である人間が、やる気を失ってしまうのです。

その大きな原因が、一握りのエリートをつくるために、多数の落ちこぼれをつくりかねない学校教育、そして会社の仕組みにも問題があると私は考えています。

一度落ちこぼれると、二度と浮かび上がれないような仕組みが会社にあると、事なかれ主義が横行して、多くの社員はチャレンジする意欲を失ってしまいます。

リーダー

leadership

リーダー不在の日本

ここ何十年間か、日本はリーダー不在の時代が続いています。政治の世界を見渡しても、経済界を見渡しても、強力なリーダーシップを発揮してグイグイと人を引っ張っていくようなカリスマ的なリーダーは皆無の状態という状況が続いています。

この結果、掛け声ばかりで改革は一向に進まず、新聞各紙のトップを飾るような斬新な技術、商品も生まれず、ベンチャー企業もあまり育っていません。

国が存亡の危機に見舞われたとき、英雄が出現するのが歴史の必然で、そうなるにはもう少し年月が必要なのかもしれません。

乱世に不向きなエリート

「エリートは役に立たない」という経営者の声をよく耳にするようになりました。なぜなら、ずっと成功の連続だった人は失敗や挫折にもろく、昨今のような乱世の時代には不向きだというのが、その理由のようです。

私も同感で、エリートは他人の目や評価を気にするあまり大胆になれず、周囲の反対を押し切ってまで、これまでのやり方を変えようという気持ちにはなりにくいようだと感じています。

こうしたリーダーの存在が徐々に会社を蝕み、競争力を失わせていくのです。

リーダーの役割

トップが出した方針の本質を曲げない範囲で自分の言葉に置き換えたり、自分流の解釈を加えて部下に伝える、あるいは、部下の一人ひとりが何をすべきかを明確にして指示を出すというのが、リーダーに与えられた役割の一つです。

最近、こうしたアレンジがうまくできないリーダーが目立ちます。

国際化や規制緩和がますます進展していく中で、応用力が乏しく、その場その時の状況に応じて臨機応変な対応や判断ができないというのは、これからのリーダーにとって致命的な欠陥となるでしょう。

一億総サラリーマン化

国や自治体、そして企業のリーダーたちが檄(げき)を飛ばし、国民や社員のやる気に火をつけていけば、日本はまだまだ発展、成長できる力を秘めています。

ところが、最近の企業のリーダーはこれをやらなくなっています。なぜならリターンが少ないからです。社長になっても給与が新入社員の十倍程度ではリスクを抱えてまでやる気に火をつけようとは思わなくなったからです。この結果、一億総サラリーマン化が進んで、檄を飛ばすようなリーダーがいなくなったというのが、今の日本の状況ではないでしょうか。

問題を解決する喜び

私は、小さな頃から社長になりたいと思い込むようになり、小学校三年の作文にもそのように書き記しています。

それほど憧れていた社長ですが、実際その席に座ってみると、肉体的にも精神的にも超がつくハードさで、想像より楽しいものではないことが、やがてわかってきました。

しかし、最近になって気づいたのは、次から次へと出てくる問題を解決していくことこそが経営者としての醍醐（だいご）味（み）だということです。難問であればあるほど解決したときの喜びも大きくなります。

ベルサイユ宮殿のコイ

ベルサイユ宮殿には大きな池があり、たくさんのコイがいるのですが、観光客が餌を与えすぎたため、ブクブクと太って岩陰でじっと休んでいるそうです。

このコイをかつてのようにスマートで優雅に泳ぎまわらせるためには、コイの天敵であるナマズを一匹放つのが最良の方法だということです。

会社の中でコイに緊張感を与えるナマズの役割を果たすのが社長です。その社長が平日にゴルフに行っているようでは、会社はベルサイユ宮殿の池と同じ運命をたどるに違いありません。

変化の時代が勝負の分かれ目

開発や製造はもちろん、トップの判断や決断、改革や変革にもスピードが求められています。時代の変化が激しいだけに、この変化の波に乗れない企業、自ら変化をつくり出そうとする姿勢のない企業は淘汰(とうた)されてしまうでしょう。

しかも、これまでのやり方がまったく通用しなくなり、過去の成功体験も役に立たなくなっています。

スピードが要求される時代に必要なことは、強力なリーダーシップですが、この状況をトップがチャンスとみるか、ピンチととらえるかが勝負の分かれ目になります。

健康管理は最も大切な仕事

五十歳を過ぎた頃から、痛感したのが健康の大切さとありがたさです。私はここ十数年、風邪一つひいたことがなく、人間ドックに入ると、体力は四十歳代の前半だと言われました。食べ物の好き嫌いは言わず、酒やタバコの趣味はありません。たまに仕事で徹夜になることがあっても、普段は規則正しい生活を送っています。

体調がおかしくなると、気力が衰え、決断が鈍り、判断も誤りやすくなることを考えると、健康管理は経営者の最も大切な仕事のように思います。

本音と建前を使い分けない

部下から信頼を得たいのであれば、彼らのいないところで絶対に陰口を言ってはいけないと思っています。

「苦言を呈する」という言葉がありますが、心の底から本人のことを思っているのであれば、面と向かって直接アドバイスすべきでしょう。

この逆、すなわち、本人の前では適当なお世辞を並べておいて、陰に回って悪口を言うから相手に不信感を植えつけてしまうのです。こうした本音と建前を使い分けないという筋を通すだけで、部下の上司を見る目は必ず変わります。

経営者への扉

自らの責任のもと、即断即決で経営判断を下してこそ真の経営者です。ことあるごとに会議を招集し、合議制と称してのろのろと経営の舵を取っているようであれば、管理者以外の何ものでもありません。

管理者からの脱却をはかるには、まずは考える訓練をすることです。あのプロジェクトにこんな問題が生じたら、こう対処する——といったように、最悪の事態を想定しながら二十四時間、頭の中で経営のシミュレーションを繰り返し、夢の中でも会社のことを考え続けてはじめて、管理者から経営者への扉が開かれるのです。

部下に仕事を任せる心得

部下に指示を与えて仕事を任せるときには、その人の能力より少しだけレベルの高いことを任せるのが最良の方法です。その後もあわてず、徐々にレベルを高めていくことが重要となります。

少し仕事ができるようになったからといって、部下をむやみに褒め続けるのは問題があります。わずかな成功にうぬぼれてしまい、それが大きな仇(あだ)となるケースも少なくないからです。

たしかに、叱ることも難しいのですが、それ以上に褒めることのほうがもっと難しいと私は思っています。

失敗談を話せる人

　他人の過去の成功体験というのは、かなり自分流にアレンジしなければなかなか役には立ちません。もし、他人の成功体験が簡単に真似られるようであれば、世の中のもっと多くの人が成功者になっているはずです。

　反対に、他人の失敗事例は幅広く参考になります。私は、成功談を得々と部下や後輩に話しているリーダーや幹部社員よりも、失敗談を語って聞かせられるリーダー、幹部社員を信頼します。なぜなら、部下に自分自身の苦い轍(てつ)を踏ませないことが、最も実践的な教育になるからです。

部下を説得する話術

部下にアドバイスする場合、「自分の立場はこうだから」とか、「こんなことではダメだ」とストレートに言い切ってしまうと、部下も心を閉ざしてしまうでしょう。

例えば、もっと頑張ってほしい部下なら、「君はそれだけ熱心に仕事をしているのだから、これぐらいの実績では満足できないだろう。君の実力ならもう少し目標を高くしても充分にやっていけるはずだ」といったように、言い方を少し工夫するだけで、素直に聞き入れられるものです。

リーダーは、人を説得する話術に磨きをかけることも必要になります。

異質な部下を使いこなす

独創性、オリジナリティーが強く求められる時代に突入しています。社員も同様で、まるで金太郎飴のように、社内のどこの部門を見渡しても、十把一からげの社員ばかりでは、会社の行く末に期待を持つことはできません。

これからの経営者やリーダーに与えられるテーマの一つが、自分とは考え方や価値観、物事の進め方や育ってきた環境、さらには国や言葉、習慣などが違う、異質な部下でも使いこなせる能力を身につけていくことです。こうした人材の養成も急務となってきました。

若い部下に信念を伝える

自分の信念を正しく相手に伝えようと思えば、相手の目線に自分を置き、言葉を選んで、話を進めていくことが肝要となります。とりわけ、年齢の離れた若い部下を納得させるには、流行や時代の流れ、変化にもアンテナを張り巡らしておかなければなりません。

今の若い人は、世間の常識には無関心でも、世の中の動きには非常に敏感です。このあたりに疎(うと)いと「自分たちのことは何も知らないくせに……」と、世代間ギャップが生まれて、せっかくの強い信念も説得力を持たなくなってしまいます。

部下が距離を置く上司

やると決めたことは最後までやり抜き、何があってもギブアップしないリーダーのもとでは、部下も否応なしについていかざるを得なくなります。

反対に、最初からやる気がなかったり、決めたはずの方針がコロコロと変わる、あるいは威勢がいいのは最初だけで、結局は行動が伴わずに途中で投げ出してしまうといったことが一度でもあれば、部下は安心してついていくことができず、一定の距離を置くようになります。

いったん崩れた信頼を回復するのは、それこそ至難のワザと言えるでしょう。

部下には得意なことをやらせる

経営者やリーダーは、世間のイメージや固定観念にとらわれず、できるだけ部下の得意なことだけをやらせて、不得意なことには余分なエネルギーを注がせないようにすることが大切です。

一例をあげると、苦労して製品開発に成功した、喋(しゃべ)るのが苦手な技術者にその苦労談をみんなの前で発表させようとすると、それこそ本人は何日も眠れない夜を過ごすことになります。

しかし、経営者やリーダーにはこの原則は当てはまりません。社長や部長は本来やるべき仕事に専念しなくてはいけません。

風紀の乱れに歯止めを

私は、わが社の社員が休みの日にどんなオシャレの楽しみ方をしていようが、眉をひそめたくなるような化粧をしていたとしても干渉するつもりはありません。

しかし、通勤途中を含めて社内にいるときは違います。会社にはいろいろなお客様が来られますし、仕事をするのに不自然な服装、化粧もあります。これに注意を与え、改めるように説得するのもリーダーの役目です。

ちょっとした社内の風紀の乱れは、どんどん周囲を巻き込んでエスカレートし、すぐに歯止めが利かなくなってしまいます。

営　業

sales and marketing

事業の基本は販売

技術を過信、妄信して消えていった企業の数は計り知れません。

多くの技術者は、コスト意識にとぼしく文章も上手いとは言えません。とにかく人に頭を下げるのが大嫌いなうえに、モノを売ることに不慣れで、心の中ではこうしたことを軽視する傾向にあります。

これでは会社経営ができるはずもありません。対外的には技術をアピールしても、「事業の基本は販売」という認識がなければ、ビジネスを成功させることはできません。成功しているベンチャー企業の共通点は販売力の強さなのです。

できるだけ難しい注文を取る

日本電産は、部品としてのモータをはじめ、モータを使ったすべての分野でシェアナンバーワンを目指しています。このためにはバランスのとれた技術力と商品力が必要となります。そこで、営業担当者には、「できるだけ難しい、他社ができなかったような注文を取ろう。すぐに真似られて終わるものをやってはいけない」と口を酸っぱくして訴えています。

目先の利益を考えるのであれば、儲かるのは二番手商法です。しかし、最後まで生き残ることができるのは、オリジナリティーを追求した会社だと確信しています。

商売に王道はない

営業活動の基本は、訪問件数、訪問回数の積み重ねです。これは万国共通で、オフィスから電話をかけるだけで新規の注文がとれるようなビジネスはありません。

次のようなデータがあります。わが社が経営権を取得したある名門企業と日本電産は、かつてマーケットで競合していました。当時、日本電産の営業社員が毎月百二十件以上お客様を訪問していたのに対して、この名門企業の月平均の訪問件数は二十件程度でした。この差がそのまま売上や利益の差になっていたのです。これが、商売に王道はないことを見事に証明しています。

売上アップの秘訣

「今は景気が後退しているから、対前年度比で五％の売上アップを目標にしよう」といった年度計画を掲げてスタートする会社が多いと思いますが、これではまず目標を達成することはできないでしょう。

これまで日本電産がやってきたのは、五〇％アップとか、一〇〇％アップという年度計画の策定です。なぜなら、五％や一〇％アップの目標では、営業担当者もこれまでのやり方を変えようとはしないからです。ところが、五〇％アップということになれば、すべてのやり方を見直さなければならないので、達成できる確率も高くなるのです。

素早い判断を最優先

営業の現場では、何よりも素早い判断が求められます。他社なら判断に一週間かかるようなものでも、わが社ではできる限り現場サイドへの権限の委譲を行なって「即決」を原則としています。

といっても、裁量権を無制限に認めているわけではありません。

二十五年ほど前から改訂に改訂を積み重ねてきた日本電産独自の「事務処理規定」によって、役員から社員までの役割分担と責任の所在を明確にしてあり、この範囲内であれば担当者の裁量を最大限認めているので、素早い判断が可能になるのです。

営業担当者のやりがい

わが社の営業担当者には、経営参画的な面が多々あります。わが社を代表してお客様を訪問するわけですから、当然、社長業務の一端を担っているのと同じ扱いとなり、そうした意識づけ、動機づけから教育もスタートします。

精神面はもちろんのこと、毎月の売上目標や訪問目標を達成するには、肉体面でもきつく、わが社の「知的ハードワーキング」を最も忠実に実践しているのです。

その分やりがいも大きく、新卒で営業部門に配属した社員の定着率は高水準を維持しています。

営業の責任

商売の原点は、自分でつくったモノを自分で売ることです。この規模を大きくして、より効率的にモノづくりと販売を進めていくために、「製」と「販」を分業化するという考え方が生まれました。

そして、効率だけを重視し、優先しすぎたために、大企業ほど「製」と「販」の連携が失われつつあります。

これを克服するには、お客様に対する「ＱＣＤＳＳＳ」、すなわち、クオリティー、コスト、デリバリー、サービス、スピード、差別化の六つについての責任を、営業に一本化してしまうことだと私は考えています。

「三職三P」を経験する

わが社の営業担当者は「三職三P」を経験するのが基本となっています。ちなみに三職というのは、営業、経理、生産管理といったように三つの違う職場のことで、三Pとは東京、大阪、海外など三カ所の働く場所を指しています。

つまり、営業担当者は必ずしも理工系の出身者である必要はありませんが、単にお客様とセールストークができるだけではなく、開発や技術のスタッフとやり取りができるように、自社製品や工場のこと、会社のことを幅広く知ってもらう上でも、「三職三P」の経験が必要となります。

メイド・イン・マーケット

工場の都合にあわせてモノづくりに取り組んでいた従来の常識は、もはや通用しなくなっています。

同じように、工場の都合をお客様に伝えているような営業部門は、本来の仕事をしているとは言えません。

すべてがお客様やマーケットの都合、要望で進められなければ、どんなメーカーであっても明るい未来はありません。

そのようなお客様やマーケットの要求を機敏に察知してそれを工場に伝えるのが、営業部門の役割で、これがわが社の「メイド・イン・マーケット」の考え方です。

利益は工場が出す

営業は注文を取ることに専念し、工場は利益を出すことに専念するというのが日本電産流の役割分担です。極論すると、利益が出るか出ないかは営業部門の関知するところではありません。

これは、価格は市場が決めるものという原則に則ったビジネスを展開していくために、とても重要なポイントになります。

競合メーカーが百円の見積りを出せば、わが社は九十九円でなければ注文には結びつきません。あえて赤字で引き受けたとしても、原価低減で黒字にするのは工場の仕事です。

お得意様を訪問する理由

私は年間のスケジュールをつくり、できるだけお得意先を訪問するようにしています。といっても注文をもらいにいくわけではありません。お得意先でわが社の営業担当者が気に入られているかどうかをチェックするためにお客様を訪ねるのです。

もし、気に入られていないのであれば、当然、新しい引き合いがあっても呼ばれませんし、商品も買ってもらえません。

経営者はこのことをチェックして、嫌われているようなら理由を確かめて、徹底的に改めさせるようにするのが、真の社員教育だというのが私の考えです。

技　術

manufacturing skills

技術の蓄積とモノづくりは別

技術よりもマーケティング優先の経営を進めてきましたが、だからといって決して技術を軽視しているわけではありません。基礎的な研究、基礎技術の蓄積にはたゆまぬ努力を払っていますが、それとモノづくりは切り離して考えるべきなのです。

モノづくり優先の考え方だけで経営を進めていくと、一歩間違えば在庫の山を抱えてしまうことになりかねません。銀行はベンチャー企業の技術力に対して融資してくれるわけではなく、製品が売れ、利益があがって返済できるという見込みに対してカネを貸してくれるのです。

新製品開発ができる人

新製品の開発というのは、試作と実験の繰り返しです。すなわち、挑戦しては失敗し、何度も苦汁をなめながらも、奮起して再挑戦し、テーマを克服してようやく感動が味わえるという地道な世界で、妙案も近道もありません。

まさしくやる気と根気が問われます。学生時代の成績がよかったとか、立派な研究施設が整っているかとかとは次元の違う問題です。

結論を言えば、ハングリー精神を失った技術者に、新製品の開発はできない、任せられないというのが、私の率直な思いです。

技術者の誇り

わが社が受注している製品、特に試作段階の開発製品は、お客様にすれば一日でも早くほしいものです。それに応えられなければ、他社に仕事が回ります。

大手メーカーにとっては、それがうまくいかなくても致命傷にはならないという余裕がありますが、日本電産にはそれが致命傷になるのだと社員を叱咤激励して、今日までやってきました。

勝負は一にも二にもスピードが大切で、どんなに困難な仕事であっても、断らずにやり遂げる執念と集中力を持つことが技術者の誇りだと私は思っています。

スピードが勝負を決める

これは、他の製品開発に共通することかもしれませんが、新しいモータを開発するというのは、ありとあらゆる組み合わせの実験をいかに短時間で繰り返すかに尽きると思います。

もちろん、シミュレーションや理論的な解析も必要でしょうが、それほど簡単に理屈通りにいってくれないのが、製品開発の難しいところであり、面白味でもあるのです。

仮に、百万通りの組み合わせの中の一つが正解だったとすると、まさにスピードだけで勝負が決まってしまいます。

変化に即応する生産体制

めざましい技術革新、そして、企業間の販売競争は激化の一途をたどっています。わが社がモータを供給している大手コンピュータ、家電メーカーでも、製品のバージョンアップやモデルチェンジの短サイクル化が進展しています。

これに伴って、モータの仕様もどんどん変化していきます。そのため、生産設備については、可能な限り汎用性のあるものを導入し、「ジグ」と呼んでいる取り付け装置を交換するだけで、フレキシブルに即応できる多品種小ロット型の生産体制を整えています。

企業の不祥事はなぜ起こる

最近、大手メーカーの製品から次々に不良が発見されたり、不祥事も相次いでいます。私はこの最大の理由が、熟練工の価値を認めなくなったことにあると考えています。リストラで真っ先に切られるのが、こういった人たちです。しかし、これでは製品に不良が出て当然なのです。

前に立っただけで、機械の調子がいいのか悪いのかさえわからない臨時工に、日本の技術を支えることはできません。熟練工の経験や直感、勘などがメーカーにとっての大きな財産だという事実を忘れてはいけないと思います。

外注か内製化か

数年以上前から、従来は外注や購買に頼っていたモータ部品の内製化にも取り組むようになっています。この目的は、単に付加価値率を高めるだけではなく、内製化によってリードタイムの短縮ができ、お客様のニーズにも柔軟に対応できる、より効率的な生産を可能にすることです。

すでに、ベース、ブラケット、コイルといった部品の内製化率が年々アップしています。しかし、優先的に社内の部品を使うのではなく、仮に品質や納期が同じで価格に開きがあれば、外注であっても安いほうを購入します。

コスト意識の希薄な技術者

最近の若い技術者は、会社がどうやって利益をあげているのかといった基本的なことが理解できていないようです。

例えば、見積書を書かせてみると、どういう根拠でそうした数字になるのかを説明することが出来ないのです。コストの概念から指導していく必要があります。

技術者にコスト意識を植えつけようと思えば、夏場にエアコンの温度を一度高く設定すると、一カ月の電気代が何円安くなるかといった身近なところから教えていくことが大切です。

技術者に必要なコスト教育

本来は数字に強いはずの技術者ですが、必ずしもコスト意識が備わっているとは限りません。特に、大手企業で技術開発を担当していたという人に、このタイプが多く見受けられます。

設計や開発には素晴らしい能力を発揮したとしても、個々の部品の価格がいくらで、生産や流通にどれぐらいコストがかかるのかについては無関心というのでは一人前の技術者とは言えません。

こうした教育を徹底させずに、コスト削減を叫んでも、結局は徒労に終わってしまうというのが私の考えです。

コスト削減に全力を傾注

わが社の競争力を支えているのは、品質、納期、コストの三本で、この基本は他社との違いはありません。しかし、その中身はまったくの別物だと自負しています。

例えば、コストについては、どの部品をどれぐらいのコストで入手するのかをあらかじめ想定しておいてから製品開発に着手します。

また、ある部品メーカーとタイアップし、その会社とわが社の技術部門、購買部門が一体となることで、より良い部品をより廉価(れんか)で購入できるように、それこそ全力を傾注しているのです。

環境管理技術

わが社の自慢の一つに環境管理技術があります。日本電産の主力製品であるハードディスクドライブ用スピンドルモータは、磁気ヘッドからわずか〇・〇三ミクロン離れて、磁気記憶ディスクを高速回転させます。この〇・〇三ミクロンの隙間にチリを混入させないために、「クラス一〇〇以下」というクリーンルームの中で、スピンドルモータを生産しています。

ちなみに、クラス一〇〇以下というのは、「約三〇立方センチメートルあたり、〇・五ミクロン以上のチリが一〇〇個以内の環境」を表しています。

わが社の縁の下の力持ち

日本電産の高品質、短納期、そしてコストパフォーマンスに優れた製品づくりをしっかりと支えてきたのが、縁の下の力持ちそのものである購買部門です。

この購買部門の使命は、最高の品質の部品を世界一安い価格で、安定的に入手することであり、私はずいぶん早くから、こうした体制づくりに力を注いできました。

いくらすばらしい製品を開発しても、価格が高ければお客様には振り向いてもらえません。経済環境が一段と厳しくなる中で、購買部門はわが社にとって非常に頼もしい存在となっています。

財　務

financial affairs

何のための決算書か

そもそも損益計算書や貸借対照表がなぜ必要なのでしょうか。経営者が現状を把握したり、記録として残すのが目的であれば、これこそ無用の長物だといえます。

むしろ、自社の財務戦略を有利に進めていくために、銀行などに対して積極的に活用していくことが重要となります。

例えば、手形を発行しているのであれば、設備や開発に投じた手形の金額はどれぐらいなのかを、貸借対照表のなかに浮かび上がらせておく必要があるということです。こうした企業の将来性をどうアピールできるかがポイントなのです。

数字オンチが会社をつぶす

規模の大小を問わず、企業が倒産する原因の一つに、経営者が経理を経理部長に任せっきりにして、まったく数字を把握していないことがあげられます。

この傾向は技術者出身の経営者ほど顕著で、すばらしい技術を持ちながら、気がついたときには、にっちもさっちもいかなくなっていたといった話をよく耳にします。

銀行に預金がいくらあって、手形の残高がどれくらい残っているのかといった数字を、いつも頭の中に叩き込んでいなければ、経営者としての責任を果たしているとはとても言えません。

数字でビジョンを描く

仮に、画期的な製品開発に成功したとしましょう。この製品を将来的にどれぐらいの価格で売っていくのか、また、どれぐらいの数量を生産すればよいのかを、きちんと数字による裏付けを取ったうえで最終決断を下すのが社長の仕事です。漠然と「こうなりそうだ」というのではあまりにもリスクが大きすぎます。

すなわち、将来のコストやマーケットの情勢を数字で見通すことで将来のビジョンを描ける経営者でなければ、会社はこれからの時代を生き抜いていくことはできないと痛感しています。

頼むより頼まれる会社に

企業にとって重要な仕事の一つが金融機関とのおつきあいです。これも、こちらから頼みにいくのと、相手から頼みにきてもらうのとでは、それこそ雲泥の差があります。

銀行が一番喜んでくれるのは、業績をあげることです。

私が社員に「われわれは運命共同体だ。頑張ろう」と訴え続けているのは、銀行の信頼を得て、安心してつきあってもらえる成長企業になることによって、むこうからきてもらえる会社になろうという心からのメッセージでもあるのです。

手形の苦い経験

　手形についてまったくの素人だった私は、銀行に言われるままに割り引いていた時期がありました。その手形が不渡りになって資金繰りが苦しくなったとき、急に銀行の態度が冷たくなるのを肌で感じました。

　そんなときこそ資金が必要なのに、借り入れを申し込むと、「保証人を三人、いや五人立ててください」という素っ気ないものでした。幸い一部の手形が残っていたので当面の危機を回避することができましたが、万一のときには次の手を打てるまで資金の必要性を痛感し、以来、手形は一切割り引かない主義を貫いています。

手形は割り引かない

わが社は手形、外国為替の割引はゼロで、絶えず数カ月分の手形を所有しています。なぜ私が手形を割り引かないのかといえば、企業に信用があるうちは手形を割り引くより、資金が必要なら銀行から短期で借り入れるべきだと考えているからです。

そもそも資金調達は常に最悪の事態を想定すべきで、二の矢、三の矢を用意しておくことが重要になります。やむを得ず手形を割り引く場合でも、大手企業の俗にいい手形と呼ばれるものは手元に残し、割り引きにくいものから割り引いていくというのが私のやり方です。

危ない会社の見分け方

わが社は創業して間もないころに、会社を経営危機にする手形の不渡りを三度つかみました。そうした苦い経験から、私なりに危ない会社の見分け方を研究してきました。

興信所や銀行の信用調査は、残念ながら実際にはあまり役には立ちません。やはり自分の目で確かめてみるのが一番です。

外見には少々難があっても、立派な機械や設備を持っているような、カネを稼ぐところにカネをかけている会社はひとまず安心できますが、逆に、売上規模に対して不釣合いな建物に入っているような会社は十分な注意が必要になります。

取引の決断は非情に

得意先の危険を察知したなら、早急に取引を見直すべきです。これまで長年にわたっていろいろな面倒をみてもらっていたとしても、会社を背負って生き抜いていかなければならない以上、経営者は非情な決断を下す必要があります。

たとえ恩を仇(あだ)で返す結果になったとしても、連鎖倒産というような事態は絶対に避けなくてはいけません。それでは会社の社会的責任を果たせないばかりか、これまで苦楽をともにしてきた一族郎党ともいえる社員たちに合わせる顔がなくなってしまうからです。

同業他社の株を持つ

わが社では、規模の大小を問わず取引先や同業他社の株を持つようにしています。

株式を所有していると、年に二回、決算報告書を送ってもらえるので、これを細かく分析するのです。

例えば、最も優秀な同業他社のバランスシートと自社のものをたえず比較していると、いろいろな問題点が浮き彫りになってきます。問題点については早め早めに手を打つとともに、どうすればその優秀な決算に近づき、追い越せるのかという検討は、日本電産を設立した当初からずっと続けてきたことです。

理想のバランスシート

今の時代に売上目標を策定しない企業は、まず見当たらないはずです。しかし、わが社ではそこからさらに一歩進めて、バランスシートの目標をつくっています。

「バランスシートはこうでなければならない」と、私が参考にしてきたのが日立や松下でした。そして、こうした企業が以前にわが社と同じぐらいの規模だったときのバランスシートと比較することによって、どうすれば追いつくことができるのか、また、追い越すことができるのかを検討するとともに、企業の理想の姿を追求しようとしているのです。

経費チェックは定期的に

経費データというのは実に雄弁で、定期的に経費チェックをしてみると、自社の状況が手に取るようにわかってきます。

例えば、直接経費は生産量との関係で増減しますが、電気、水道、コピー、事務用品といった間接費用は、常に節約を訴えていなければ、すぐに増えていきます。社内にコスト意識を徹底させなければならない理由はここにあります。

私が定期的に経費をチェックするのは、社員に教育したコスト意識、原価意識がどこまで浸透しているかを確かめてみるという目的があるのです。

すべてを数字でとらえる

仮に、研究開発に三千万円を投資するような場合に、それをどう回収するのかを的確にはじき出そうと思えば、かなり複雑な経理計算が必要となります。このメカニズムを頭に叩き込み、実際の場面で瞬時に判断できることが、これからの経営者の条件になります。

つまり、経営者は常に自社の財務状況を正確につかみ、どれぐらいの資金を投資に振り向けることができるのか、また、いつまでに、どのような方法で回収するのかといった計数感覚が身についていなければ、経営者は務まりません。

足りない能力を補う

多少の理想を交えていえば、経営者は技術もマーケティングも、そして財務についても精通していることが望まれます。

しかし、現実には技術かマーケティングのどちらか一方、あるいは、この両方がわかっていても、財務までわかっているケースはまれのようです。要は、会社の中でどのようにカネが動いているのか、資金繰りはどうするのかといった数字に強い経営者は皆無に近いということです。

例えば、ホンダの本田宗一郎氏と藤沢武夫氏の関係のように、自分にない能力はよきパートナーで補うことが大切です。

赤字と黒字の読み方

入ってくるよりも出ていくお金のほうが多くなれば、会社は赤字になりますが、この赤字にも大きく二種類あります。

一つは売上の落ち込みによる赤字で、もう一つが設備や開発に資金を投じた「先行投資」による赤字です。同じ赤字でも、前者と後者とではまるで意味合いが違っています。

黒字も同様で、営業で儲けた収益か、それとも営業外の利益による黒字かでは大きな開きがあります。バランスシートを見るときには、このあたりを注意深く観察する必要があります。

目先の損得に目を奪われない

伸ばすことを考える以前に、絶対につぶしてはならないというのが企業経営の大前提となります。

財務戦略についても、安全第一が鉄則で、目先の損得やわずかな利息の差に目を奪われてはいけません。そのためにイザというときの資金繰りに困って会社をつぶしてしまえば、元も子もありません。これらは会社が安定してから考えればよいことです。

極端に言えば、会社が安定するまではいくら赤字になっても会社さえつぶれなければいいのです。これがベンチャー企業の創業五年間の財務戦略の基本となるものです。

スペシャリストを鍛える

わが社の歴代の経理担当役員、経理部長、次長クラスは、いずれも大手上場企業や都銀の要職にいた経歴の持ち主で、世間ではスペシャリストとして立派に通用する人材です。

そうした人たちに対して、私はベンチャー企業の財務戦略を一から教え、徹底して鍛えてきました。といっても、ベンチャーの経営には定石もなければ、教科書もありません。あるのは、会社をつぶさないという強い意志と行動力で、彼らが私と同じ気持ち、同じ立場に立ってくれなければ、将来の大きな発展は見込めないのです。

代金回収の心得

　私がまだサラリーマン時代、京都の街を飲み歩いていたときに、美人で魅力的な女性がいるわけでもないのに、いつも満員で、やたらと支払いの催促だけが厳しいクラブへ足を運ぶようになりました。

　その店のママさんの自慢は「店にいる三倍ぐらいの時間をお客様のサービスに費やしている」とのことでした。

　そこで私がハタと気づいたのは、商品とサービスさえ徹底していれば、支払いの悪い取引先と縁を切っても何ら差し支えないということで、マメに催促することが、この判断基準になることを学びました。

白紙の小切手は危険

かつて、わが社が工場を新設した折に、ある会社の社長から竣工祝いをいただきました。ありがたく頂戴して、祝儀袋を開いてみると、なんと金額の欄が白紙の小切手が入っているではありませんか。その社長は、「好きな金額を入れてください」と笑顔でおっしゃいました。

私は唖然(あぜん)としながらも、心の中で「この会社とは早々に縁を切ろう」と考えました。経営者自身のこのような常識はずれの金銭感覚は会社をつぶします。案の定、この会社はその十カ月後に倒産しました。

数字に弱い経営者の特徴

数字に弱い経営者の特徴の一つが、人件費に無頓着なことです。何人の社員を雇ってどれぐらいの給与を払い、どの程度の仕事をしてもらうのかというのは経営の根幹となるものです。

にもかかわらず、世間の相場はこれぐらいだから自分のところもと考える経営者が何と多いことでしょうか。

このタイプの経営者は、人材をスカウトする場合でも、「月給を五十万円もらっているのなら、ウチは五十五万円出そう」という発想になりますが、このコスト上昇が企業体質を弱くする原因となります。

ベンチャー

venture business

右肩あがりが原則

ベンチャービジネスを一言で説明すると、一般の企業よりも高い成長率を売りものにする企業のことです。したがって、ベンチャー企業の利益率は右肩あがりであることが原則となります。

もちろん、最初から利益率が高いにこしたことはありませんが、それはあくまでも理想の話です。

ある程度のロングレンジで利益をとらえて、将来に対する布石をどれだけ打つことができるか――成長するベンチャーと倒産するベンチャーの差は、このあたりにあると思います。

大胆かつ繊細に

ベンチャービジネスにはリスクがつきものです。だからといって、大胆な人物がベンチャー企業の経営者向きかというと、決してそうではありません。必要なのは、大胆さよりもむしろ繊細さ、緻密（ちみつ）さで、大胆なだけでは失敗する確率がグンと高くなります。

すなわち、見た目には大胆さを装っていたとしても、その陰では緻密な計算を働かせていなければなりません。たとえて言うなら、石橋を叩いても渡らない慎重さと、ときには激流に飛び込んででも対岸に渡る強引さも必要になるということです。

身分相応の取引先

わが社は創業間もなく三度の不渡りをつかんだことを教訓に、一流（決して規模の大小ではありません）の会社とだけ取引をしてきました。これがベンチャー企業にとっての「身分相応」なのです。

会社が小さいからこそ、自社にないものを持っている企業と取引する必要があるのです。いろいろな面で自社以下のところとつきあってもメリットはありません。

また、価格を下げて顧客を確保したいという切羽詰まったときでも、ひと踏ん張りして耐えることができなければ、ベンチャーを気取る必要はないと思います。

公私混同は厳禁

経営者が肝に銘じておかねばならないことの一つに、「公私を混同してはいけない」ことがあります。特にベンチャー企業の活力や将来性に憧れて入社してくる人たちを裏切らないためにも、公私の別をはっきりさせることが大切です。

例えば、会社のカネで豪華な食事を振る舞うよりも、社長の身銭(みぜに)で赤ちょうちんのお店に連れていくべきです。若い社員ほどそうしたカネの出所に敏感で、ご馳走になるよりも給与をあげてほしいと考えます。このあたりの機微を理解しないと優秀な社員ほど辞めてしまうに違いありません。

一株当たりの利益を優先せよ

「自己資本比率を高めよ」と盛んに言われます。まさに正論ですが、伸び盛りのベンチャー企業がこうした言葉にとらわれすぎると失敗することがあります。それよりも成長するほうが先決なのです。

売上が倍々ゲームで伸びているようなケースを想定すると、計算上の自己資本比率は対前年比でどんどんダウンしていくのが普通です。そこで、自己資本比率を高めるよりも、一株当たりの利益を上げることにウェートを置き、必要になれば、自社株を高く売ることで、一挙に自己資本比率を高めればよいのです。

金融機関を説得する法

ベンチャー企業が金融機関から融資を受けようと思えば、いかに自社の技術力をアピールするかがポイントとなります。といっても、業界用語や専門用語を使って熱っぽく話してみたところで、門外漢の金融機関の人には通じるはずもありません。

売上、利益、シェア、マーケットの規模や伸び率などの現状と近い将来の見通し、すなわち、具体的な数字を駆使して自社の技術力を説明していくことが、数字でものを見たり、判断する訓練を受けている金融機関の人間を説得するための一番の近道となります。

資金導入の心得

いささか乱立気味のベンチャーキャピタルですが、ベンチャー企業がこうした資金を安易に調達できるようになると、従来の銀行融資では起こらなかったような問題が多発してくるのではないかと思っています。

例えば、担保が必要な銀行からの借り入れは、経営者にとって大きなプレッシャーとなるのは事実です。しかし、ほとんど緊張感の伴わないベンチャーキャピタルからの資金導入を、成長していくためのワンステップととらえるのであればまだしも、安易な財源と考えるのは、この上なく危険なことです。

無借金経営がベストか

無借金経営を至上のものだとする経営者が多いようですが、私は必ずしも、そうとは思いません。

特にベンチャー企業の場合、工場用地を購入するなど、長期的に固定化する資金については、積極的にベンチャーキャピタルを利用してみるのもいいでしょう。

しかし、運転資金のように短期的なものにまで頼ろうとするのは行き過ぎであると言わざるを得ません。

やはり、利息を払ってでも利益が出せる方策、企業体質をつくり上げていくべきではないでしょうか。

ベンチャーキャピタルの功罪

銀行のような融資ではなく、ベンチャー企業に投資をしてくれるベンチャーキャピタルは、担保が不要で、利益があがらなければ配当する必要もありません。ベンチャー企業にとってはコストの安い資金調達が可能となります。

ただ、銀行から融資を受けた場合、コストは高くつきますが、返済すればそれまでです。ところが、ベンチャーキャピタルは株主になるので、「経営が安定してきたので、株を返してください」とは言えず、株価が上がれば第三者への譲渡もありえるといったリスクも半永久的につきまといます。

ベンチャーキャピタルの選び方

ベンチャーキャピタルを利用する際に、これを選ぶ基準はどこにおけばよいのでしょうか。

知名度があるとか、規模の大小などに目を奪われるのではなく、自社の商品、さまざまな特性などを考慮し、総合的に判断して、自分たちの会社のことをもっともよく理解してくれるところとつきあっていくべきです。

ベンチャーキャピタリストとのよりよい関係が築けるというのも大事なポイントで、これはメインバンクを選ぶ場合にも同じことが当てはまります。

出でよ日本の救世主

今、大企業は優秀な人材をどんどんリストラしています。その人材を吸収して新しいことにチャレンジしていけば、日本はすぐにも復活できると思いますが、残念ながらそうした兆しすら見えてきません。

ベンチャーを志している人も、どちらかと言えば小粒で、確固たる信念も感じられないと思っているのは私だけでしょうか。

現在の深刻な雇用状況を考えると、ビルの一室を借りてできるソフトウエアでもいいのですが、それよりも大量に雇用を吸収できる、メーカー系のベンチャー企業の出現を、私は望んでいます。

価値は勝ちに通じる

　ベンチャー企業が越えなければならない難関の一つが、たとえ価格を高くしても買ってもらえるお客様を確保しなければならないことです。

　そこで必要になるのが、希少価値、付加価値といった価値の創造で、例えば、わが社は大手電機メーカーが五カ月かかる納期を二週間に短縮することで、二倍以上の価格で販売してきました。

　ここから始めて徐々に力をつけていくことが大切です。最初から値段を下げるのではなく、注意深く探していけば高値で売れるマーケットが必ず見つかるはずです。

メーカーが生き残る条件

メーカーの生命線は、価格、品質、納期だといわれます。このどれか一つでも不十分ならば、売れないようなイメージが定着しているようですが、一つが欠けていたとしても、他の二つで補ってあまりあるものづくりを行なえば、決して売れなくはないと思います。

例えば、「価格は高いが、品質と納期では他社を大きくリードしている」というお客様の評価を得ることこそが、中堅、中小メーカーの生き残っていく方向です。特にベンチャー企業は、価格の安さだけで勝負する分野に参入すると、自分で自分の首を絞める結果になります。

数字だけに惑わされない

ベンチャー企業は、たとえ財務状況に余裕がなくても、しばしばチャレンジへの決断を迫られるケースがあります。その代表が、新工場や開発センターの建設、あるいは研究開発への思い切った投資、人員の大量採用などです。

発展途上の企業に大きな変化があれば、財務バランスはメチャクチャになり、銀行からもクレームがつきます。しかし、これを恐れていてはベンチャー企業の経営はできません。こうしたチャレンジを繰り返さなければ、高い成長率を維持することはできないのです。

従来のテキストは役に立たない

思い切った投資をすれば、一時的に収益が大幅ダウンするのは当然のことです。この当たり前のことでさえ、従来の財務のテキストを読めば、「危ない会社」の仲間入りとなってしまいます。これでは怖さが先に立って、新しいことにチャレンジしようとは思わなくなってしまうでしょう。

銀行も発想は同じで、土地や建物など担保の取れる投資に対しては比較的おだやかでも、機械や研究開発への投資はシビアな反応を示します。

なぜ、この投資が必要かをはっきり説明できるようにしておくことが大切です。

M & A

merger and acquisition

M&Aの目的

組織が必要とする経営資源は多岐にわたっています。刻々と変化していく事業環境に即して企業が成長し続けるためには、必要とする資源をいかに的確に調達していくかがカギになります。

私は、この考えに沿ってM&Aを推進し、これからも積極的に展開していこうとしています。

一九八四年に米国の大手ファンメーカーのトリン社を買収したのを皮切りに、今までに二十三社を傘下に収めましたが、すべて「回るもの、動くもの」に特化し、「総合駆動技術の世界No.1メーカー」を目標としています。

成長のための時間を買う

わが社の主力となっているモータ事業で、世界中のニーズに応えていこうと思えば、どんどん工場を建て、最新の設備を導入し、人を育てて技術やノウハウを蓄積していかなければなりません。これをやっていこうとすると、相当な年月がかかってしまいます。

昨年、私は還暦を迎えましたが、せめてもう二十歳ぐらい若ければ、何としてでも一からやりたいところですが、それだけの時間的な余裕がありません。M&Aをフルに利用して事業の拡大を図っている理由はここにあります。

飽くなき成長を求めて

私は成長論者で、飽くなき成長を求めています。設立した年に一億円の売上目標を掲げ、これを達成すると十億円、次は百億円、そして一千億円と目標を膨らませてきました。

経済が成長していれば、会社も自然に大きくなっていきますが、一九九〇年代に入り、日本の高度成長の時代は終わりました。

このような環境のもとで、M&Aでの相互連携による技術の飛躍的向上を背景に、成長を維持しようとしているのです。

救済型のM＆A

これまで日本電産は二十三社のM＆Aを行なってきましたが、このすべてが救済型です。日本では、業績悪化や後継者がいないといったやむにやまれぬ事情から会社を手放すケースがほとんどで、たとえ一円でも利益が出ていたり、赤字でもキャッシュフローがあれば売りに出ることはなく、買いたくても買うことができません。

アメリカのように、業績のいいときに会社を売るという発想は日本にはないのです。しかも、ここ一、二年は集中治療室に入ったような病状の進んだ会社しか出てこなくなりました。

決め手は技術力

私が赤字会社を買収するときの指針としているのは、技術力があるかどうかの一点のみです。極端に言えば、これ以外にどんな欠点があったとしても、それは大きな問題とは考えていません。

労働組合が強くても、建物が汚くても、社員のマナーが悪くて、挨拶ができなかったとしても、それはすぐに直せます。

ところが、技術力はそうはいきません。一から構築しようと思えば、最低でも十年はかかります。今の時代に十年もかけると会社は持ちません。だから技術力が必要になるのです。

M&A第一号は米国で体験

日本企業の系列・実績主義の壁に阻まれて、創業期のわが社はやむなく海外に活路を求めましたが、M&Aの第一号もアメリカで経験しています。

ファンの分野に進出しようと、アメリカの企業と合弁会社を設立しましたが、合弁相手が買収されてしまい、結局、一九八四年にわが社がその合弁会社の相手を買い取ることになりました。

当時の日本にはM&Aの情報が皆無に近く、英語の本を読んで勉強し、私自身が買収交渉、労使交渉の先頭に立ちましたが、そのときの経験が後にとても役立ちました。

倒産する会社の共通点

私は、この十数年の間に倒産寸前まで追い込まれていた二十社以上の会社の経営権を譲り受けて、再建にあたってきました。そのほとんどが大企業の子会社でしたが、共通していたのは、工場の清掃が行き届いていない、出勤率が悪い、社員同士であっても挨拶をしないといった、当たり前のことができていないということでした。

赤字会社を黒字にするのは決して難しくはありません。固定費の多くを占める人件費の見直し、といっても切り詰めるのではなく、出勤率を高めて、工場をきれいにするだけで赤字が黒字になります。

スピードの差

最近わが社の傘下に入ったある会社と、日本電産の一番の違いはスピードです。その会社は、経営判断のスピード、そして決断してから実行するまでの時間がわが社の三倍ぐらいかかっていました。

これ以外に、ほとんど問題点は見つかりません。高い技術力と優秀な人材、安定したマーケットも持っています。

少し意識が低い社員、決断の遅い経営者がいただけで、赤字が百億円まで膨らんでしまったのです。今の時代は、決断と実行のスピードの差が、そこまで会社の命運を大きく左右します。

社員の意識を変える

日本電産は十数年前から、二十社以上の経営不振企業を譲り受けて、再建活動に取り組んできました。これまでに私が再建を試みた会社は、すべて順調で、その多くが過去最高益を更新しています。

といっても、社長や役員を交代させることも、社員をリストラすることもありません。基本的には、同じ人、同じ商品で再建を進めてきました。

では、何を変えたのかといえば、トップ以下社員全員の意識です。社員の意識が変われば、社員の行動が変わり、会社は生まれ変わることができるのです。

あだ名は信頼の証

わが社の社員はもちろんのこと、M&Aで傘下に収めた会社の社員についても、できるだけ早期に名前を覚えるように努力しています。

例えば、再建中の会社の場合でも、最初は「さんづけ」から始まり、親しくなるのに伴って、「くんづけ」に変わり、次は「呼び捨て」、そして最後に「ニックネーム」で呼ぶようになります。

ニックネームで呼ぶようになれば、社員と私の信頼関係が構築できたという証明で、再建もほぼ完了に近づいたと言えます。

再建に向けた背水の陣

これまで日本電産は、二十社以上の赤字会社を傘下に収めましたが、私はこれらのすべての会社において個人の筆頭株主になっています。

つまり、これだけでも多額の借金を背負っており、まさに背水の陣で再建に当たたっているのです。また、再建までの期間を二年と想定し、この間は子会社から給与は一切受け取らないと決めています。

これは株主と社員に対する私自身の決意を示すとともに、ハイリスクこそが私の企業再建への大きなエネルギーになっているからに他なりません。

ゆっくり、急いで

経営不振に陥っている会社を買い取ってというのは欧米流ですが、その再生の手法は現場を重視し、じっくり手間暇をかけてという日本風で進めていきます。

しかし、再建のメドは一年でつけるのがポイントになります。多少辛かったとしても、この間に結果を見せることができれば、社員の意識や社内のムードを大きく変えることができるからです。

要するに「ゆっくり、急いで」というのが会社を再生するための大きな秘訣で、時間をかけるところと、かけないところのバランス感覚が成否を決めるのです。

国際化

internationalization

円高にも円安にも対応

一九八〇年代の半ば以降、急激な円高が進んだときでも、私は「海外生産比率五〇％の原則」を掲げ、必死になって国内の生産を守ろうとしました。

十年というスパンで見ると、円高がいつまでも続くとは限らず、円安に転じたときに、国内の生産能力が弱体化していれば対応できなくなると考えたからです。

しかし、後に私はこの考えを撤回しました。円高、円安のどちらになっても攻めることができる強靭な企業体質にするには、国内と海外の役割を変えるべきだと考えて、これを実行に移していきました。

東南アジア最初の生産拠点

日本電産グループで最初の東南アジアの生産拠点となったのが、一九九一年から稼働を始めたタイ日本電産のアユタヤ工場でした。

アユタヤ県はバンコクから北へ六十数キロのところにありますが、当時はインフラが未整備で、国際電話も通じておらず、タイ語以外は通じませんでした。

しかも、日中の気温は四〇度近くまで上昇し、夜は蚊の大群に悩まされて眠れず、満足な食事をとるところさえないという苛酷な条件のもとで、アユタヤ工場建設のプロジェクトが進められました。

タイでは転社がステータス

タイ日本電産は、アユタヤ、バンカディ、ロジャーナと三カ所に工場を展開しています。初期の悩みは、社員の定着率がきわめて低いことでした。

その理由は、タイでは転社しないと給与があがらないシステムになっており、仕事を覚えたころにはさっさと会社を辞めてしまうからです。

また、バンコクから一歩外に出るとインフラの未整備が目立っていましたが、最近はそうした整備も進み、外国の企業に対する税制などの優遇措置も充実してきました。

生産拠点の国際化を加速

一九九〇年代に入って、わが社は意欲的に生産拠点の海外シフトを進めていきました。シンガポール、タイ、フィリピンなど、東南アジアを中心に工場を建設し、その後の製品用途の広がり、また積極的なM&Aの展開などによって日本電産グループが拡大していく中で、生産拠点の海外進出をさらに加速させました。

一九九二年、華北の大連に拠点を設けて以来、二〇〇〇年代になって、急激に拡充をはかったのが中国大陸の沿岸部で、華北、華中、華南にそれぞれ生産工場を設け、三拠点体制を確立しましたが、さらにマーケットも狙っています。

中国脅威論は見当違い

「中国脅威論」を盛んに振りかざす人がいますが、これは見当違いだと思います。日本は欧米に技術を学び、ものづくりで高度成長を遂げました。今度は日本が中国や東南アジアにものづくりを教えるのが順序なのです。

日本は中国に仕事を持っていくことによって、働く場を提供するとともに、技術指導も行なっていかねばなりません。ここで得た利益を日本に持ち帰って、新たな商品開発に再投資するというのが、国際分業の本来のあり方で、これによって経済が循環していくのです。

海外進出の大きなメリット

近年の急激な円高によって、日本のメーカーは海外への生産拠点の移転を余儀なくさせられました。

当初は、不安が一杯で恐る恐る海外へ進出した企業も、現地での生産を開始し、やがて軌道に乗り始めてくると、すぐに日本と比べてはるかにメリットがあることに気づきます。

格段に安い賃金水準だけではなく、男女の区別なく昼夜、そして休日労働が認められていたり、また税法上の優遇や特典、簡単で自由な部材の流通などが、そうしたメリットの代表です。

言葉は国際化の壁になるのか

わが社の国際化は急ピッチで進展していますが、よく言葉の問題はどう克服しているのかという質問を受けます。そんなときに私は次のように答えています。

「外国語は出来るに越したことはありませんが、必要条件にはなりません。現地に行って、現地に溶け込んでいけば、半年もたてば日常の会話には不自由しなくなります。要は、本人にどれだけチャレンジ精神があるかです。わが社には、会社が命令しなくても自分で名乗りをあげる社員がたくさんいます。そういう人たちにどんどん機会を与えています」

海外進出の留意点

中堅・中小のベンチャー企業が海外へ進出する場合、自前でやるのがいいのか、それとも現地の会社を買収したほうがいいのかという問題があります。

それまでに実績があれば別ですが、海外で人を採用し、土地や建物を探すなど、一からやっていくのは、私のこれまでの経験から言っても大変なことです。こうした煩雑な作業に時間を浪費するのは賢明とは言えず、成功率も低くなります。

また、海外へ出るときには、最悪の場合には撤退も視野に入れ、それができる範囲で進出を考えるべきです。

アメリカの経営者気質

アメリカで現地法人を経営するようになって、気づいた問題点がありました。それは、アメリカの経営者は基本的に「請負人」であることです。つまり、雇用に対する認識が日本人とはかけ離れていて、苦しいときは耐え、互いに励ましあって苦境を乗り切ろうといった発想が皆無に近いということです。

経営状態がいいときにはガッポリと給料を取り、悪化してくるとさっさと逃げ出してしまいます。このことを念頭において、現地の人を雇わなければ、アメリカでの経営は失敗に終わります。

日本独特のビジネス習慣

アメリカにはインテル社、マイクロソフト社などのように、一つの分野に特化して巨大企業に成長した例がありますが、わが国にはこうした企業はほとんどありません。これは、かつての日本の大企業が系列会社との取引を最優先していたことが要因の一つにあげられます。

この結果、系列会社以外のマーケットは限られ、国内だけではシェアを拡大することができなかったのです。

このような日本独特のビジネス習慣も、企業間競争がグローバル化していく中で、徐々に崩れつつあります。

アメリカでの雇用はドライに

わが国よりもはるかに権利意識の強いアメリカで人を雇うのは、大変なことのように思われがちですが、実際にはそんなことはありません。雇うときに、「これだけの働きをすれば、これだけのペイをする。できなければ解雇だ」と宣言しておけばよいのです。

彼らは「今回これだけの働きをしたから、オレをマネージャーにしてくれ」といったことをストレートに言ってくるので、相手の気持ちを察してとか、周囲に十分な根回しをしてからという日本流の気配りはほとんど必要がありません。

アメリカで通用しない精神論

現地でアメリカ人の労働者を採用した場合に注意しなければならないのが、辛抱とか我慢、気力といった精神論がまったく通用しないことです。成功の報酬は当然お金で、これをケチると優秀な人ほど会社に見切りをつけてさっさと出ていってしまいます。要するに、終身雇用を前提とした日本の賃金に対する考え方が「細く長く」なのに対して、アメリカでは「太く短く」です。

こうした頭の切り替えさえできれば、アメリカで人を雇うことはそれほど難しいことではありません。

国内と海外の役割分担

国内には研究開発、試作、あるいは高付加価値製品や、開発の初期段階での小ロット生産といった機能を集約し、その製品の消費地に最も近い海外の生産拠点で製造するというのが、当面の日本電産が歩もうとしている方向です。

状況の変化によっては、研究開発、試作などの機能も海外に移していくようになるかもしれないと公言しています。

こうしたコメントに刺激を受けた国内の技術部門では、「研究開発を強化して、海外ではつくれない難しいものを国内でつくろう」が合言葉になっています。

手を洗うところから教育

一九九四年の夏に竣工した、中国の大連市にある日本電産（大連）有限公司の大連工場は、中国初の自社工場で、第二工場を含めて約七千名の現地社員が働いています。

ここでの社員教育は、整理・整頓・清掃・清潔という基本的なことから始める予定でしたが、彼らには日常生活において手を洗うという習慣が根づいておらず、ハンカチを持たない人が大半でした。

そこで、新入社員全員にハンカチを支給し、この使い方を指導するところから社員教育をスタートさせたのです。

組織で仕事をしない中国の労働者

中国の労働者は、個々に見ると優秀で頭も切れます。ところが、組織で仕事をすることに慣れていないため、最初のころはいろいろと問題が出てきました。

例えば、部品が切れたために生産ラインが止まっても、そこで作業をしている社員は、ただじっと待っているだけで、班長も何か指示を与えるわけではありません。

また、研修で学んだことは自分の財産としてしまいこむだけで、部下を指導するという形にはなっていかないのです。組織の中で働くという意識づけから取り組んでいく必要がありました。

勤勉な中国の女性社員

当初は、問題の少なくなかった中国の工場の社員でしたが、活発に研修会を開き、能力主義を導入していった結果、最近では目標達成のために徹夜作業も辞さないというところまでモラールが向上しています。

総じて女性社員のほうが勤勉で意欲もあり、現場の班長に抜擢されるのは、ほぼ全員が二十歳未満の女性で、見事に現場を仕切っています。

中国の生産現場では、実績や年齢に関係なく同一賃金が原則になっていますが、頑張れば高い賃金が約束される能力主義が功を奏しました。

他に真似られない製品づくり

中国での現地生産を開始すると、すぐに類似品が出回るのではないかと危惧する日本の経営者がいます。

しかし、相手が中国ではなくても、簡単に真似をされるようでは、その技術や製品の寿命はもともと長くないのではないでしょうか。

世界的企業を目指している日本電産は、中国に真似のできない製品開発に取り組むというのがモットーです。そして、真似をされたのであれば、その製品の生産は止めてしまうというぐらいの意気込みを持っています。

外交下手な日本人

私はいくつかの用件があって人と会うときには、嫌なことから片づけてしまうのを信条にしています。だから、会っていきなり喧嘩が始まることも珍しくありません。

また、交渉ごとも先手必勝で、主張すべきことは先に主張してから相手の話に耳を傾けるという姿勢を貫いてきました。

日本では、この逆をやるのが当たり前の感覚になっていますが、外国、とりわけ欧米では通用しません。欧米では、車をぶつけた女性ドライバーでも先に相手を怒鳴りつけるというのが当たり前の光景になっていると言われます。

地球規模での貢献

わが社の海外マーケットは、アメリカ、東南アジアを中心にヨーロッパへ広がり、世界中へ拡大しつつあります。

つまり、お客様が存在するのであれば、どのような地域にでも進出していく方針で、さらなるグローバル化を推進させようとしています。

世界の隅々にまでセールス拠点を持ち、社内では世界各国の言葉が飛び交い、「日本電産には国境の壁がない」と言われ、それぞれの国で新たな雇用を創出して豊かさに少しでも貢献できれば、これこそが経営者冥利に尽きるというものです。

日本経済

Japanese economy

日本が競争力を失った理由

日本の企業が競争力を失いつつある理由の一つが「集団指導体制」で、逆にアメリカや韓国が強くなったのはトップダウンで企業を動かしているからです。

基本技術があるのに競争に負けるのは、協議や話し合いばかりしていて、なかなかトップが決断をしないからです。さらに、日本の経営トップは、リスクをとろうとしないので、ハイリスク、ハイリターンのビジネスができません。卑近な例では、アメリカはもとより、韓国でも中国でも最新のモータを使うことを躊躇(ちゅうちょ)しませんが、日本の企業は必ずためらいます。

高賃金と規制がネックに

日本経済は大きな変革期に差しかかっています。一九九〇年代後半からの急激な円高が、容赦なく日本企業に製造空洞化の道を選択させ、規制緩和の遅れがその空洞化にさらなる拍車をかけました。

それまでの日本の企業の多くは、この島国の中で必死に働き、改善を繰り返すことで国際競争力に磨きをかけ、勝利を収めてきました。

しかし、ドルベースの賃金水準は欧米の二倍近くとなり、がんじがらめの規制の中では、その競争力の低下に歯止めがかからなくなりつつあります。

空洞化の原因

製造空洞化に拍車がかかり、店頭の商品から「メイド・イン・ジャパン」の文字がどんどんと消えています。これは、国家の根幹にかかわる重大な政治問題であるにもかかわらず、適切な手立てが打たれているとはいえません。

法律にしても、税制についても、日本は製造業に対して少し厳しすぎるのではないでしょうか? 空洞化は、単に人件費だけの問題ではありません。

新たな雇用を創出する製造業を優遇しない国に、明るい未来はないのではと危惧しているのは、私だけでしょうか。

製造業の脆さが露呈

人事も賃金も硬直化している日本の製造業のコスト体質は、三分の二以上が固定費部分で占められています。

このため、経済が急激に変動するときには簡単に脆さを露呈してしまいます。バブルを境に、そのことがより一層鮮明になりました。

一九八五年のプラザ合意以降の円高不況には、製造業の経営者は相当な危機感を抱き、速やかに対応していきました。しかし、その後のバブルで好業績をあげたことを実力だと勘違いしたために、一挙に危機感を失ってしまったのです。

空洞化の行きつく先

今、日本の製造業は帰らざる河を渡り、国の根幹ともいえるモノづくりを東南アジアを中心とする国々へ移管させようとしています。

過去の欧米各国の例を見るまでもなく、一度海外に出てしまった工場は、二度と自国に戻ってくることはありません。まさに日本は空洞化への道をひた走りに走り出してしまったのです。

すでに、その兆候が現れ始めていますが、このことは失業者を増やし、国の財政を危うくし、輸入超過の国に突き進んでいくと危惧しています。

イギリス型かアメリカ型か

今後日本が歩もうとしている道筋が一向に見えてきませんが、大きくイギリス型とアメリカ型の二つの道があるのではないでしょうか。

もし、前者のイギリス型なら、ハードワークを忘れて製造業は衰退し、極端な円安を招いて、生活水準は昭和四十年代への逆戻りも予測されます。

後者のアメリカ型であれば、一時的に、といっても数年程度ではありませんが、どん底まで落ち込んだとしても、新しいベンチャービジネスの台頭、新産業の誕生によって、再び活気を取り戻すと考えます。

アメリカと日本の落差

天然資源の少ないわが国の基本的な姿は貿易立国です。海外から原材料を輸入し、これに付加価値の高い加工を施して輸出することを運命づけられています。

この根幹となる製造業を無為無策の政治によって海外に放り出していけば、日本経済がどうなっていくのかは、おのずと明らかになるはずです。

これまで、不況、恐慌から何度も蘇(よみがえ)ってきたアメリカのようにたくましくありたいものですが、次々と新産業を創出してきたベンチャー精神旺盛なアメリカと日本の落差は大きいと言わざるを得ません。

デフレの弊害

本来、強い会社はもっと利益をあげられるはずなのに、弱い会社が延命をはかるために、価格競争を仕掛けてくるので、強い会社も対抗上、価格を下げざるを得ないというのが、デフレの大きな弊害です。

会社が不採算部門を切り捨てないといけないのと同様に、国もまずいところを切らなければなりません。社会的な影響が大きいからと、赤字が垂れ流しになっている企業を助けることは、デフレにさらなる拍車をかけることになります。頑張っているところも怠けているところも同じ施策でいいはずがありません。

勝ち組と負け組の二極化

今の不況がいつまでも続くわけではありません。いずれ回復しますが、そのときに従来の景気回復のように産業界の平均値が上がるのかといえば、そうはならないというのが私の考えです。

むしろ、さらなる二極化が進み、勝ち組と負け組にはっきりと分かれてしまうと思います。つまり業界トップの企業が売上も利益も独り占めしてしまい、株価もかつてのように業界トップから下位まで段階的に形成されるのではなく、一万円と百円といったように、百倍ぐらいの差がつくのではないでしょうか。

価格破壊こそチャンス

デフレがどんどん進行していくなかで、よく耳にするのが、価格破壊によって利益が大幅に落ち込んだという声です。

しかし、私はそうは思いません。価格が下がれば当然競争相手が減って、利益は確実に大きくなります。

その典型が大手のファーストフードチェーンです。激しい価格競争を行なって、狂牛病で大騒ぎになるまでは、過去の最高益を更新し続けていました。

反対に、競争の原理がまったく働いていなかった業界は淘汰が進んでも、いまなお復調する気配はありません。

あとがき

私が積極的M&Aに乗り出した頃、ある有名な経営者に、「永守さん、あなたは会社を高く買いすぎです。会社は倒産してから買うものですよ」と言われたことがあります。それに対して私は、「そういう考え方もあるのかもしれませんが、私の考えは違います。私は駄目になった会社の『人材』を買っているのであって、資産を買っているのではないのです。倒産した会社にはいい人材は残っていません。経営が駄目で傾いている会社にはまだ人材だけは残っています。経営が悪いために士気が落ち、くじけているだけです。そんな企業を買って空気を変え、意識を変え、士気を上げ、立て直すのが私の経営なのです」とお答えしました。

そして、本書でも述べていますように、私は退路を自ら断つために、借金をして買収した企業の株を買い、個人筆頭株主になります。もちろん、再建できなかったら、泡と消えます。

そもそも自社株を持つのは経営者の責任です。ところが、日本のサラリーマン社長はあまりにも自社株を持っていません。

数年前、ある大手企業が、東証一部上場を目前に、投資家とのミーティングを開いた際、外国人投資家から、「会長も、社長も、自社株保有数がともにゼロ。上場後はどうするつもりか」と問われて、二人とも言葉に詰まったそうです。

自社株を持っていない経営者が、なぜ自社の株を買えと勧めるのか——

外国人投資家の疑問は当然のことです。それに対し、「二期四年しか務めないのに、私財をなげうってまで経営に情熱を注げるはずがない」と考えているサラリーマン経営者がいることも事実です。

しかし、そのような経営姿勢では個人投資家からそっぽを向かれ、早晩その企業は衰退していくでしょう。

日本では「会社は公器」という意識がなさすぎました。利益を上げるのが公器たるゆえんです。ところが日本では、会社は社会主義的公器になっていました。労使協調のもと、会社を食いものにしてきたのです。それでも経営が順調なときはよかったのですが、もうもたなくなっています。なぜなら、「株主重視経営」を旗印とする外国人投資家たちが、日本の経営者にも「株主と痛みを分かち合うこと」を強く要求し始めたからです。「経営者なら年収の最低一年分は自腹を切ってでも自社株を持つべきだ」と言う外国人アナリストもいます。

もう一つの問題は、今の日本に本当の意味でプロの経営者はほとんどいないということです。日本企業のトップの多くは「経営者」ではなく、「管理者」だと言ってもよいでしょう。

自らの責任のもと、即断即決で経営判断を下してこそ「経営者」なのです。ところが、多くの経営者が、事あるごとに会議を招集し、周囲の顔色をうかがいながら、合議制でのろのろと経営の舵を取っているのです。これを管理者と言わずして、何と言うべきでしょうか。

景気がよかった時代は、管理者がトップであっても会社は存続できました。しかし、経営にスピードが要求される今の時代、それでは健全な利益が出せるはずがありません。

与えられた情報を瞬時に分析し、的確なジャッジをする能力は、一朝一夕に身につくものではありません。米国のように、二十、三十代から経営の現場に身を置き、ギリギリの状況でのディシジョンを繰り返しながら、長い時間をかけて養成していくものです。

その意味では、今の日本の産業界には、経営者が育つ土壌自体がないとも言えます。

では、いったん管理者として育成されてしまった者が真の経営者へ脱却するにはどうすればよいのでしょうか。

まずは考える訓練をすることです。あのプロジェクトにこんな問題が生じたら、こう対処する。今、進めている交渉がこんな展開になったら、こう手を打つ……。常に最悪の事態を想定しながら、二十四時間、頭の中で経営をシミュレーションし、架空のディシジョンを繰り返すのです。

時代は大きく変化しています。特に、経済のグローバル競争が始まった今、日本でしか通用しない経営を守っている企業はどんどん淘汰されていくでしょう。

本書は、これからの日本を支えてほしい「未来の経営者」たちに向かって書きました。経営に近道はありません。夢の中でも会社のことを考え続けてはじめて、「管理者」から「経営者」への扉が開かれるのだと信じます。

最後に、本書が出版されるまでに、多々、御激励、御支援いただいた各位に衷心より感謝の意を表します。

二〇〇五年二月吉日

永守重信

〈著者略歴〉

永守重信（ながもり　しげのぶ）

1944年８月、京都府生まれ。職業訓練大学校（現・職業能力開発総合大学校）電気科卒業。73年７月、28歳で京都市西京区の自宅にて従業員３名の日本電産株式会社を設立し、代表取締役社長に就任（現・代表取締役会長）。88年、創業15年にして大阪証券取引所市場第２部に上場。98年に大証1部へ昇格、東証1部に上場。2001年には米国ニューヨーク証券取引所に上場（16年まで）。現在資本金878億円、従業員数約15万人（44カ国、グループ330社以上）と大幅な成長を遂げている。

80年代からモータを核に国内外で積極的なＭ＆Ａ戦略を展開し、これまでに66社をグループ化。精密小型から超大型までのあらゆるモータとその周辺機器を網羅する「世界No.1の総合モーターメーカー」に育て上げた。2030年度売上10兆円の実現を睨み、ＩＴ・ＯＡから家電製品、自動車、商業・産業機器、環境・エネルギーなど幅広い分野に不可欠なソリューションを提供する「総合メカトロニクスメーカー」へと変貌させつつある。

人材の採用、育成、活性化にも他社と違うユニークさを持っている。「情熱」「熱意」「執念」の大切さと、常に前向きで積極的な考え方・行動の重要性を説き、学歴・社歴・年齢・性別等を問わない人事体制のもとでの急成長は、各方面から注目されている。

2018年３月には京都先端科学大学を運営する学校法人永守学園の理事長にも就任。ブランド主義と偏差値教育に偏った日本の大学教育の変革とグローバルに通用する即戦力人材の輩出に情熱を燃やしている。

主な著書に『奇跡の人材育成法』『人を動かす人になれ！』『技術ベンチャー社長が書いた 体あたり財務戦略』『メカトロニクスのためのDCサーボモータ』『新・ブラシレスモータ』『Permanent Magnet and Brushless DC Motors』などがある。

情熱・熱意・執念の経営

すぐやる！　必ずやる！　出来るまでやる！

2005年3月16日　第1版第1刷発行
2022年4月26日　第1版第17刷発行

著　者　永守重信
発行者　永田貴之
発行所　株式会社ＰＨＰ研究所
東京本部　〒135-8137　江東区豊洲5-6-52
　　第一制作部　☎03-3520-9615（編集）
　　普及部　☎03-3520-9630（販売）
京都本部　〒601-8411　京都市南区西九条北ノ内町11

PHP INTERFACE　https://www.php.co.jp/

制作協力
組　版　株式会社PHPエディターズ・グループ

印刷所
製本所　図書印刷株式会社

ISBN4-569-64030-3

PHPの本

［新装版］奇跡の人材育成法

どんな社員も「一流」にしてしまう！

永守重信 著

いま最も元気のある企業「日本電産」の原点ここにあり！　赤字企業を次々と再建、モーレツでありながら人情味溢れる経営者に学ぶ「人を育てる極意」とは？

定価　本体一、〇〇〇円（税別）

PHPの本

続・道をひらく

松下幸之助 著

ミリオンセラー『道をひらく』の姉妹編。混迷のうちに過ぎたこの十年の歩みを見据えて、人生の真髄とこれからの社会のあり方をしみじみと綴った座右の書。

定価 本体八七〇円(税別)